职 业 教 育 印 刷 包 装 专 业 教 改 示 范 教 材

印刷色彩 与 色彩管理

色彩基础

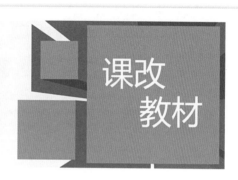

课改 教材

吴　欣　付香芹　林璟琪　皮阳雪　唐宇平　**编著**

陈广学　**主审**

中国轻工业出版社

图书在版编目（CIP）数据

印刷色彩与色彩管理·色彩基础 / 吴欣，付香芹，林
璟琪等编著. —北京：中国轻工业出版社，2023.7
全国职业教育印刷包装专业教改示范教材
ISBN 978-7-5019-9770-1

Ⅰ. ① 印… Ⅱ. ① 吴… ② 付… ③ 林… Ⅲ. ① 印刷
色彩学 – 专业学校 – 教材 Ⅳ.① TS801.3

中国版本图书馆CIP数据核字（2014）第157172号

责任编辑：林 媛　杜宇芳
策划编辑：林 媛　杜宇芳　　责任终审：劳国强　　封面设计：锋尚设计
版式设计：王超男　　　　　　责任校对：燕 杰　　责任监印：张 可

出版发行：中国轻工业出版社（北京东长安街6号，邮编：100740）
印　　刷：艺堂印刷（天津）有限公司
经　　销：各地新华书店
版　　次：2023年7月第1版第6次印刷
开　　本：787×1092　1/16　印张：17.75
字　　数：410千字
书　　号：ISBN 978-7-5019-9770-1　定价：59.00元
邮购电话：010-65241695
发行电话：010-85119835　传真：85113293
网　　址：http://www.chlip.com.cn
Email：club@chlip.com.cn
如发现图书残缺请与我社邮购联系调换
230972J2C106ZBW

前言

《印刷色彩与色彩管理》分为《色彩基础》与《色彩管理》两册，是将印刷复制业用到的印刷色彩理论知识和技能训练融为一体的实用性教材。

在长期的印刷职业教学活动中，时常遇到学生问的问题是："老师，您讲的这些有用吗？少讲点，行不？讲多了，我们听不进去，想听也听不懂，听了也不会用。"尤其是理论知识，学生怕学，教师怕教的畏难情绪充满整个校园。这说明传统的以教师为中心的职业教育模式已不适应当今职校生的学习与职业发展所需了。

在长期的校企合作，企业培训活动中，时常遇到企业生产一线的技术工人和管理人员，咨询各种各样的问题，而不是请教抽象的理论，他们希望培训教师能针对具体的问题，通过案例引导，以通俗易懂、简明扼要、直观易明的方式帮助其解惑释疑。

这两种学习情境反馈的信息充分体现了职业教育的特性：职业教育活动需要真实的具体的载体来承载知识和技能；需要在具体的工作过程中，通过做中学、学中做、做中思，达到学以致用的目的，形成解决实际生产中遇到各种各样问题的能力。职业教育的教学活动，不需要空洞的理论和复杂的推导，学员需要的是目标明确、具体形象、针对性强、直截了当地解决问题、训练技能，并不需要太多复杂的理论陈述。

因此，在职业教学活动中选择合适的学习载体，将实用的知识与技能融于具体的工作任务之中，融于真实的工作情境之中，精心做好每个学习情境的教学设计，显得尤其重要。

鉴于上述要求，本套教材按照工作过程系统化课程开发理念来组织内容，将彩色印刷复制的工作环境、生产流程（原稿分析、颜色分解、颜色合成、印后表面整饰、印品检测与评价、印刷颜色管理）中使用到的印刷色彩理论与应用技能提炼出来，并遵循印刷从业人员对印刷色彩理论的认知规律和应用技能间的逻辑关系，分层递进设计为7个学习情境，其中《色彩基础》包括了前6个学习情境，第7个学习情境呈现在《色彩管理》分册中。每个学习情境均以问题为线索、以典型案例或项目训练为引导，将印刷色彩理论知识学习、技能训练以及学生关键能力的培养，融入到学习情境之中。使学生在知识与技能层层递进，工作与学习反复交递的学习情境中，从简单的印刷色彩基础知识，逐渐过渡到综合性的印刷色彩管理内容。让学生在学习情境中，学会学习、学会思考、学会工作，掌握印刷色彩的基本理论知识，具备使用印刷色彩知识进行交流与沟通、辨色与配色、颜色测量与评价、颜色管理的综合职业能力。

新版教材强调学生自主学习，突出学习的主动性、针对性和有效性。在处理学员与教师的关系、学习目标与内容、学习过程与评价等方面，具有以下特点：

1. 学生学习自主化

每一个学习情境都有明确的学习目标、引导问题和学习评价项目，学生可以对照学习目标，学习评价项目，在问题引导下开始学习，并监控自己的学习效果；开放性的引导问题，强化了学生的自主地位，给学生留下了充分思考、实践、合作交流的时间与空间，促进了学生看书学习、观察、操作、交流和反思等活动，有利于引导学生深入理解印刷色彩理论知识，并提高其分析与解决问题的能力。

2. 学习目标工作化

新课程的学习目标就是工作目标，通过以真实工作情境和典型工作任务或案例组织学习过程，以问题引导、小组团队学习、自主评价与他人评价相结合的主动参与式的学习模式，让学生在学习理解印刷色彩基本理论与实践技能训练的过程中，达到学会工作的目的；通过自主参与小组团队的学习活动，学会交流沟通与协作、学会归纳总结与表达，掌握学习方法与工作方法，提高其关键能力，充分体现人在职业成长时的综合要求。

3. 课程内容综合化

每个学习情境都有综合性的特征，既有知识学习、经验技巧，也有技能操作或与生产相关的调控与管理内容。

4. 学习过程行动化

每个学习情境都要学生从明确目标开始，在引导问题的指引下，开展学习与讨论、操作与体验、归纳与总结、检查评价与反馈，让学生经历实践学习和解决问题的全过程，在实践行动中进行学习。

5. 评价反馈过程化

每一个学习情境的最后环节是评价与反馈，是对学习过程和结果的整体性评价，是学习的延伸和拓展；过程化的学习评价，可帮助学生初步获得总结、反思及自我反馈的能力，为提高其综合职业能力奠定必要的基础。

在编写风格上具有如下特点：

（1）每个学习情境的首页都配有形象直观的学习任务思维导图，便于学习者一目了然本学习任务所包含的内容、知识点与技能点的相互关系与内在联系。

（2）以对话的形式呈现知识与技能内容，易于交流和沟通，增强了教材的亲和力和易读性。

（3）以实践性的问题来引导知识和技能，易于吸引学生的注意力和关注度，有利于引导和培养学生勤于思考的习惯，有利于拓展其发展潜力。

（4）做到复杂内容简明化、深奥理论通俗化、操作技能步骤化，体现出深入浅出、图文并茂、直观易明、方便理解和记忆的特点。让学生看了易懂，照着能做，充分体现出职业特性。

（5）重点内容与技能要点，采取不同字体和不同颜色的文字给予突出，以增强视觉刺激，加深印象。

（6）教材配备了交互性强的多媒体课件，便于学生选择内容开展学习，每个学习情境的课后练习以随机出题并自动评分的方式呈现，便于学习者随时检测知识与技能的掌握状况。

本套教材适合于入职印刷行业的员工及职业学校印刷类专业学生学习，也适合作为印刷行业协会组织的各类短期培训教材。

本套教材由广州市轻工职业学校吴欣老师和武汉市第一轻工业学校付香芹老师策划，吴欣老师负责学习情境 1、学习情境 2、学习情境 3、学习情境 7（色彩管理分册）的编写和全书的统稿，华南理工大学陈广学教授对全书进行了主审。教材中的所有图片处理及表格数据的绘制设计，由武汉市第一轻工业学校的付香芹老师负责完成。广州市轻工职业学校的林璟祺老师负责学习情境 4 的编写工作，中山火炬职业技术学院的皮阳雪老师负责编写学习情境 5，武汉职业技术学院的唐宇平老师负责学习情境 6 的编写工作。

本教材参考了国内外许多相关的印刷专业书籍与技术资料，已将这些著作录入参考文献之中，在此致以诚挚的谢意！在本书编写框架的形成及完成过程中，还得到北京今印联图像设备有限公司、广州丰彩印刷有限公司、东莞当纳利印刷有限公司技术专家的热情支持，在本书的样书制作与校对方面，得到广州市轻工职业学校李红霞老师和邓奕武老师的大力支持，在此一并致以衷心地感谢。

首次在具有专业基础理论与操作技能融为一体的《印刷色彩与色彩管理》教材中，采用现代职业教育"工作过程系统化"课程理念进行编写，由于编者学识水平有限，书中难免有不妥之处，恳请读者和同行不吝指正。

编著者

2014 年 6 月

亲爱的同学们、印刷企业的朋友们：

你们好！

非常欢迎你们学习《印刷色彩与色彩管理·色彩基础》这门课程。

无论你们所学的专业方向是印前图文处理、印刷工艺、数字印刷技术，还是印刷营销；无论你现在所从事的岗位是印前、印刷生产，还是管理与业务部门的跟单工作；通过本课程的学习，你将体验到印刷复制颜色理论的奇妙魅力，你会在真实的学习情境中，学习颜色的基本理论，感受印刷颜色的混色规律，掌握辨色与配色的基本技能，学会颜色管理与评价的基本方法和操作要领，获得你从事印刷复制业所需的印刷色彩理论与应用技能。

为了让你的学习更有效，并形成良好的学习习惯，为以后的工作奠定良好的基础，我们先来看看"老狼与马大哈"的对话：

老　狼：常言道，学习方法比学习本身更重要，无论是学习，还是工作，采取正确的方法，有助于取得事半功倍的效果，盲目地学习和工作，只能事倍功半。对于职校生来说，掌握正确的学习方法、养成良好的学习习惯，对今后的工作及职业发展十分重要。

马大哈：什么样的学习方法才算是好方法呢？

老　狼：学习与工作是相通的，做任何一件事情，都应有一套基本的程序，现在一般是按"资讯—计划—决策—实施—检查—评估"步骤进行，学习也应如此。

马大哈：按上述六大步骤开展学习，每一步应怎么做呢？

老　狼：弄清楚学习过程中每一步应做什么，怎么做，十分重要。

第一步资讯：在学习开始时，首先要明确学习目标、清楚学习任务，从整体上了解所要学习的内容，比如看一本书，首先要看书的前言和内容简介，接着浏览一下目录，如果是教材，除了认真阅读前言、简介与目录外，每一章节或每一学习情境的学习目标、内容结构、学习任务描述、引导问题等都要认真仔细地看几遍，明确完成此学习任务的要求，查阅和收集与此学习任务相关的资料信息。在此阶段可以同小组的同学进行沟通交流，不明之处可以问老师。

第二步计划：根据学习任务的要求，确定个人的学习计划，可以在小组内讨论，也可根据自己的实际情况确定。

第三步决策：在学习小组讨论修改学习方案或实践方案，形成小组的学习方案。

第四步实施：按小组的学习或实践方案，进行学习或工作（实践）。

第五步检查：对学习或工作（实践）任务完成情况进行自我检查和反思，修改不足之处，填写学习或工作自查表。

第六步评估：对学习或工作（实践）成果汇报答辩，总结在此学习情境中的收获与体会，评价自己的表现，填写学习或工作（实践）评价单。

马大哈：那就是说，在接下来的学习中，都按照"资讯—计划—决策—实施—检查—评估"六大步骤进行。

老　狼：是的，在学习过程中，养成六步骤的学习习惯，对毕业后参加工作十分有益。

马大哈：好的，下面我们就按您提出的六步学习法，开展学习吧。

同学们、朋友们，看了对话，你应知道怎样进行有效学习了。为了便于学员学习与交流，教材的编写也以"老狼和马大哈"的对话形式展开。下面让我们先看看学习目录吧。

教学建议

建议使用本套教材教学时，要根据不同学习情境的不同任务特点，采取问题引导、理实一体的策略开展学习，尽可能让学生在真实的工作情境中，通过教师操作示范、学生实践体验、小组学习讨论的"做中学、学中做、做中思"的学习活动，完成学习任务。各学习任务课时安排建议如下表：

序号	课程内容		建议学时	
			课时	小计
1	情境1：颜色是怎样形成的？有何特点和规律？	任务1：颜色是如何形成的？有何特点？	4	10
		任务2：颜色有何规律？如何应用？	6	
2	情境2：颜色有何属性？如何表示？	任务1：颜色有何属性？	4	12
		任务2：颜色如何表示？	8	
3	情境3：印刷颜色是怎样形成的？有何特点？	任务1：原稿与印刷品颜色的关系？	3	14
		任务2：印前处理与印刷品颜色的关系？	6	
		任务3：印刷生产与印刷品颜色的关系？	5	
4	情境4：如何辨识与调控印刷颜色？	任务1：印刷品消色、原色与间色系的辨识与调控？	6	10
		任务2：复色与特殊颜色的辨识与调控？	4	
5	情境5：如何调配印刷专色？	任务1：经验法如何调配印刷专色？	6	12
		任务2：电脑配色系统如何调配印刷专色？	6	
6	情境6：如何测量与评价印刷品的颜色质量？	任务：如何测量与评价印刷品的颜色质量？	6	6
合计			64	64

目录

印刷色彩 与 色彩管理

课改
教材

▶ 色彩基础

学习情境思维导图

内容

结构

1 颜色如何形成？
有何特点和规律？

* 何为颜色？形成颜色需具备什么条件？
* 颜色与光源、光、物体、视觉器官的关系？
* 印刷业对光源、色觉、环景与背景要求？
* 颜色的心理特性及应用？
* 色光与色料的混色规律及应用？

2 颜色有何属性？
如何表示？

* 颜色有几个属性？各代表什么？
* 习惯命名、分光光度曲线表色法？
* CIE 标准色度系统表色法？
* Lab、HSB、RGB、CMYK 表色法？
* 印刷色谱与 Pantone 表色法？
* 孟赛尔颜色立体表色法？

3 印刷颜色如何形成？
有何特点？

*印刷颜色的形成过程？
*原稿、分色原理、灰平衡与分色工艺？
*网点、油墨、纸张与颜色的关系？
*印刷过程、印后处理与颜色关系？

4 如何辨识与调控印
刷颜色？

* 印刷呈色原理与特点？
* 消色系、原色系与间色系的辨识与调控？
* 古铜色、枣红色、橄榄色系的辨识与调控？
* 特殊颜色的辨识与调控？

5 如何调配印刷专色？

*什么是专色？为何要调配专色？
*专色调配原理与流程？
*经验调色法调配深色与浅色专色？
*电脑配色法调配专色？

6 如何测量与评价印刷
颜色？

*测量与评价条件？
*评价仪器与工具？
*评价内容与标准？
*评价方法？

学习情境 1　颜色如何形成、有何特点和规律

学 习 目 标

完成本学习情境后，你能实现下述目标：

知识目标

1. 能概述颜色的定义。
2. 能说出颜色形成的四要素。
3. 能说出颜色与光源、光、物体、环境、背景及视觉器官之间的关系。
4. 能概述物体的呈色机理。
5. 能说明色光与色料的混色规律，色光互补与色料互补规律及特点。
6. 熟记常见颜色现象及心理感受。

能力目标

1. 能正确选择印刷生产和印品检测的光源、环境与背景条件。
2. 能比较色光与色料混色的异同并熟练写出混色方程。
3. 能区分油墨的原色、间色与复色。
4. 能利用三原色颜料进行间色调配。
5. 举例说明色料互补、减色代替规律及作用。

建议 10 学时完成本学习情境

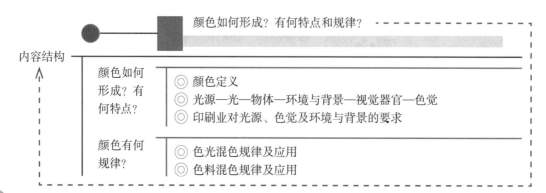

内容结构

| 颜色如何形成？有何特点和规律？ |
| 颜色如何形成？有何特点？ | ◎ 颜色定义
◎ 光源—光—物体—环境与背景—视觉器官—色觉
◎ 印刷业对光源、色觉及环境与背景的要求 |
| 颜色有何规律？ | ◎ 色光混色规律及应用
◎ 色料混色规律及应用 |

学习任务 1　颜色如何形成、有何特点

（建议 4 学时）

学习任务描述

本学习情境以一组彩色印刷图片为例，展开对颜色的基本概念，颜色视觉的形成过程，颜色与光源、光、彩色物体、视觉器官及环境与背景的关系，光源、光和物体的颜色特性及人的视觉特性，印刷业对光源、环境和背景的要求，人的色觉现象及颜色心理效应的学习与应用。

重点：光源、光与物体的颜色特点，印刷业对光源的要求。

难点：颜色视觉的三大理论。

引导问题

带着问题去学习能提高学习的针对性和有效性，能够引导学员主动思考和学以致用。本任务的学习能解决如下问题：

1. 颜色是什么？色觉是怎么形成的？
2. 色觉形成的四要素是什么？
3. 光是怎么产生的？光与色是什么样的关系？
4. 光可以分为几类？光有何特性？
5. 光源是什么？光源与光的关系？印刷业如何选用光源？
6. 彩色物体与消色物体有何特性？人的视觉器官有何结构与功能？
7. 颜色有哪些心理感受？常见的色觉现象有哪些？在印刷复制时如何应用？

老　狼：彩色印刷复制产品无处不在，我们先看下面的一组图，见图1-1。

上图中不管是书籍、服装、产品包装、光盘标贴，还是花卉图片，首先映入眼帘的是颜色，颜色体现出先声夺人的力量。在彩色印刷品复制中，颜色质量位于印刷品质量指标之首。

马大哈：颜色确实非常重要，我上街买衣服时，首先考虑的是颜色，其次才是款式。但是颜色到底是什么？

老　狼：针对这个问题，我们一起来看看图1-2。

一、颜色是什么

老　狼：颜色实际上是人的一种视觉感受，即色觉。我国印刷行业标准对颜色的定义是：**颜色是光作用于人眼后引起的除形象以外的视觉特性**。图1-2中人眼所看到的铅笔信息，除了六棱柱的铅笔杆和削成圆锥体的铅笔尖组合结构外，剩下

图 1-1 印刷品颜色

图 1-2 颜色定义

的信息就是铅笔的颜色了。

马大哈：您说颜色是一种感觉，那么人的颜色感觉是怎么形成的？

二、色觉是怎样形成的

老　狼：图1-3是颜色视觉的形成过程图，彩色物体受到光的照射，根据自身化学特性对光进行选择性吸收，将剩余的光线透射或反射出来，刺激人眼的视觉细胞后，经过视神经传导到大脑中枢，形成颜色感觉。

马大哈：那就是说，形成颜色感觉首先必须有光的照射，其次还要有彩色物体，第三还需要人眼与大脑。

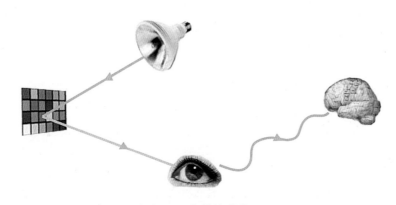

图1-3　色觉的形成

三、形成色觉的条件

老　狼：非常正确，**形成色觉必须具备光、彩色物体、健全的视觉器官和大脑，四者缺一不可。**如果没有光，人眼什么也看不到，更谈不上颜色了；如果有光但没有彩色物体，如看空气，是看不到颜色的；如果人的视觉不健全，如色弱或色盲者，虽然能看到一定的颜色，但是其色觉是不正常的；如果大脑不正常，也是不可能形成正常的颜色信息的。

马大哈：光是产生颜色的第一要素，那么光是怎么产生的？有何特点呢？

四、光的形成及特点

老　狼：从物理学的角度来说，光是光源发出的电磁波，从生活的角度来说，看得见的电磁波才称为光，发光体才称为光源，如图1-4所示。

马大哈：光是电磁波？我的手机发射的也是电磁波，怎么看不见呢？

老　狼：电磁波的波长范围非常宽广，从10^{-15}m 至 10^{15}km，而人眼能看见的电磁波是十分有限的，其波长范围是380～780nm（1nm= 10^{-9}m），且光的波长不同，其颜色也不相同。如图1-5所示：

光是由光源发出的电磁波；
可见光是人眼看得见的电磁波；
能发出光的物体称为光源。

图 1-4 发光体

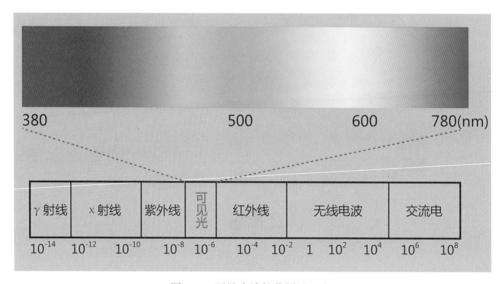

图 1-5 可见光波长范围（nm）

马大哈：我每天生活和工作在有光的环境里，但我并不知道光有哪些特性呢?

老　狼：光最显著的特性是具有波粒二象性。

① 光在传播过程中以横波的形式进行传播。如图1-6所示：

② 光照射到物质表面时，以粒子的形式同物质产生作用，即能量发生交换或发生光化学反应。如光电倍增管和CCD等光敏元件，受到光的照射后产生电流，即光能转变成电能了；而照相机所用的胶卷，曝光后得到影像则是光化学反应的产物。

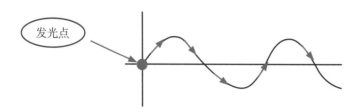

图 1-6 光的波动性

马大哈：光除上述两种特性外，光还有其他特性吗？

老　狼：我们先来看看牛顿的光的色散实验吧：

从图1-7可以看出，白光经过三棱镜后分解为红、橙、黄、绿、青、蓝、紫等颜色光。为什么会出现这种现象呢？这是因为不同波长的光在空气中和玻璃中的折射率不相同，从而使光的传播方向发生了改变。这

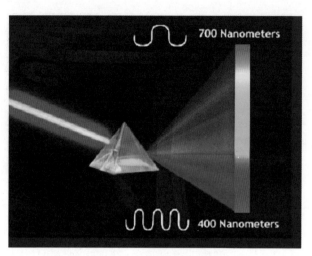

图 1-7　光的色散实验

一实验证明白光是由多种波长的单色光组成的。我们把由多种单色光混合而成的光称为复色光；而只有一个波长，不能再分解的光叫单色光。如太阳光、生活中所用的日光灯、白炽灯等照明用光源所发出的光都属于复色光。不同颜色的光按一定顺序排列而成的色带我们称为光谱；把复色光由棱镜分解为单色光而形成光谱的现象叫做光的色散。

马大哈：我明白了，光除了波粒二象性外，在不同介质中传播时还会改变方向，产生色散现象，并且光可分为单色光和复色光。那么光与色是什么关系？

老　狼：

> 光是色的源泉，色是光的表现，有光才可能有色，无光便无色。

马大哈：光是由光源发射出来的，光源有什么特性呢？印刷业与光源有何关系？

五、光源是什么、光源有何特性

老　狼：这个问题提得太好了，因为印刷业离不开光源。光源是发射光的物体，可分为自然光源、生物光源和人造光源。太阳是最典型的自然光源，水母和萤火虫是生物光源，家用日光灯、白炽灯泡、LED灯及各种照明体属于人造光源。印刷车间和印前制作室所用的照明光源、晒版机所用光源、电子分色机和扫描仪所用的光源、用于测量颜色和密度的分光光度计等测量仪器所用光源都属于人造光源。如图1-8所示。光源的主要特性通过"色温、显色性和亮度"指标体现。

马大哈：印刷业对光源有何要求？如何选择光源呢？

图 1-8　光源图　　　　　　　　　　　　　　　　图 1-9　色温与光色

　　1. 印刷业对光源的色温有何要求?

老　狼：印刷业对光源的要求主要体现在色温、显色性和亮度指标上。**色温决定光源发出光的颜色**，一般色温高的光源，发出的光偏蓝色，而色温低的光源，发出的光偏红色，如图1-9所示。

马大哈：印刷业对光源色温有何要求?

老　狼：我国印刷行业标准规定，观察透射样品时，照射光源应符合ISO3664-2009印刷标准观察条件，即选用相关色温为5003K的D50标准光源；观察反射印刷样品时，选用相关色温为6504K的D65标准光源。因为人们是以日光条件下观色为最标准的，而这两种标准光源发出光的颜色与正常条件下日光的颜色十分接近。

马大哈：光源的显色性指的是什么? 印刷业对光源的显色性有何要求?

　　2. 印刷业对光源的显色性有何要求?

老　狼：显色性是衡量光源发出的光照射到物体之后，再显现物体颜色的能力，用显色指数（Ra）来量度显色性，印刷业要求Ra>80。显色指数越高，就说明物体在光源下显示的颜色与在日光下显色的颜色越接近，如果二者看起来完全相同，显色指数就是100，如图1-10所示。

正常日光　　　　　　　标准光源　　　　　　　一般光源
　　　　　　　　　　（显色指数高）　　　　　（显色指数低）

图 1-10　显色指数对比

马大哈：我知道光源的亮度很重要，因为太亮了或是太暗了，眼睛都无法看到最佳效果，那么印刷业对光源的亮度有何具体要求？

3. 印刷业对光源的亮度有何要求？

老　狼：亮度是指发光体（反光体）表面发光（反光）强弱的物理量。如果光源的功率太小，或者光源使用太久后，光源的亮度都会降低，如果亮度太低，是不便于正确查看颜色的，亮度太高的话，光线刺激眼睛，也不可能看出最佳效果。因此，对于反射印刷品的看样，一般光源的照度需要达到500–1500LX，如果是看透射印刷品，则其被观察面的亮度为1000 ± 250（cd/m^2）。

马大哈：对于印刷公司来说，购买照明灯管时一定要选购标准光源D50或D65，且还要检测其亮度是否达到要求。

老　狼：是的，标准光源D50和D65的色温符合要求，且显色指数一般都在90以上，用它们来观察印刷样品的颜色质量是最理想的。但是，由于标准光源是普通日光灯管价格的十几至几十倍，生产车间照明全部选用的话，会增大企业成本，因此一般生产车间还是用日光灯去照明。需要强调的是在看样台和质检处，一定要选用标准光源D50或D65。现在一般企业在质检处选用D50，严格来说，透射印刷品应选用D50，反射印刷品选用D65。下面我们来看看印刷企业生产车间与看样台的实境吧。如图1–11~图1–13。

图1–11　印刷生产车间照明场景（用普通日光灯照明）

图1–12　印刷机的看样台（标准光源 D50/D65）　　图1–13　比色灯箱（标准光源 D50/D65）

马大哈： 在实际印刷生产与印刷品质检测中，常用到的标准光源与标准看样台有哪些
类型呢？

4. 印刷企业如何选用照明条件？

老　狼： 印刷业用的标准光源是D50与D65，其形状就是一根小型的日光灯管，但一般
都与灯具组合成一个照明体，常见的如图1-14~图1-17所示。

图1-14　反射印刷品看样台

图1-15　透射与反射印刷品两用看样台

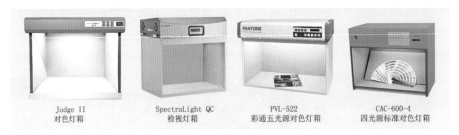

Judge II
对色灯箱　　　　　　SpectraLight QC
　　　　　　　　　　检视灯箱　　　　　　PVL-522
　　　　　　　　　　　　　　　　　　　彩通五光源对色灯箱　　CAC-600-4
　　　　　　　　　　　　　　　　　　　　　　　　　　　　四光源标准对色灯箱

图1-16　桌面比色灯箱

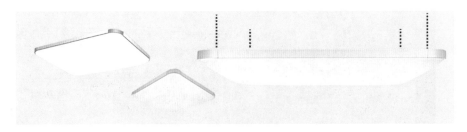

图1-17　印刷吊射光源

马大哈： 我去印刷公司参观时，发现一些印刷车间里的胶印机控制台上的看样灯用的
是一般的日光灯，有的公司虽然用的是标准光源D50，但是灯用了很久也不
换，这种做法对印刷生产有无影响？

5. 企业使用光源存在的问题

老　狼： 你说的这种现象确实普遍存在，尤其是一些规模较小的印刷公司，生产与管
理很不规范，无论是公司的老板还是印刷生产主管与机长，他们都忽视了标

准光源的重要性。作为一名合格的印刷技术专业人才，这样做是不正确的。这种做法对印刷生产影响太大了，因为普通日光灯发射出的光色偏冷，会给印刷样张的颜色评价带来影响，从而误导生产，增大废品的风险。使用标准光源D50看样时，用久了不换，由于其光能量衰减，亮度不够，也会直接影响观测结果。因此，定期更换标准光源也是十分重要的，一般标准光源的使用寿命5000小时左右。

马大哈：如果印刷公司没有购买标准光源，能否创造条件看样呢？

老　狼：在天气晴好时，可利用生产车间北窗下的自然光看样，而避免在强烈直射的日光下评价颜色。因为北窗下的自然光柔和稳定，色温基本接近5000～6000K，显色性优良。当然最好的办法是说服老板购买标准看样台了，其实也不贵，一般的一个看样台也就2000元左右，好点的上万元。

马大哈：色觉形成的第二个要素是物体，为什么花有红与绿之分？为什么我们生活和工作的空间里，不同物体呈现出了不同的颜色？对印刷品的呈色我更感奇妙？我很早就想弄明白这其中的道理了。

六、物体有何呈色特性

老　狼：你问的这个问题太重要了，因为色彩丰富的印刷产品都是通过不同种类的油墨叠印而成的，明白了物体的呈色原理，就能很好地理解油墨的呈色特性了。

虽然自然界的物体无数，但从颜色的角度进行分类是很简单的，只有彩色与消色（无彩色）之分。彩色物体是指具有选择性吸收和反射（透射）不同波长光的物体。如图1-18和图1-19所示。

图1-18　彩色反射体呈色特性

图1-19　彩色透射体呈色特性

1. 彩色物体的颜色特性

老　狼：图1-18中，绿色反射物体吸收了白光中的蓝光和红光，反射了绿光，所以人眼看到该物体呈绿色；而蓝色反射物体吸收了红光和绿光，反射了蓝光，所以人眼看到该物体呈蓝色。而图1-19中，绿色透射体因吸收了蓝光和红光，透过了绿光，所以人眼看到该物体呈绿色，而浅蓝色透射体因吸收了红光和绿光，透过了蓝光而呈现出蓝色。

马大哈：我明白了：彩色物体之所以呈现出不同颜色，是因为其具有选择性吸收与反射（透射）不同波长光的特性。但是黑、白、灰色的物体为何又看不到彩色呢？

2. 消色物体的颜色特性

老　狼：在这里首先要明白消色的概念：消色是指从白到黑的一系列灰色，人们也把它们称为中性灰系列。消色物体是指具有非选择性地吸收和反射（透射）不同波长光的物体。如图1-20所示。

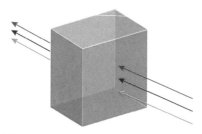

图 1-20　消色体呈色特性

在图1-20中，左边的灰色物体非选择性即等比例地吸收了白光中的红、绿、蓝光，使得反射到人眼的红、绿、蓝光的能量等量地减少，虽然人眼受到的红、绿、蓝光的刺激是相等的，应该得到白色光的效果，但由于能量减小，使视觉受到的刺激减弱，色光合成的亮度降低，所以呈现出灰色。同样的道理，右边灰色透明体等量地吸收了部分红、绿、蓝色光，同时等量地透过了部分红、绿、蓝色光，从而使人眼看到该立体为灰色。

马大哈：在这里我觉得"非选择性吸收和反射（透射）"这一特点不好理解，是不是说只要是照射到物体上的光，该物体如果吸收的话就全部都吸收，不作任何选择，如果反射或透射的话就全部反射或透射。

老　狼：你只理解对了一半，非选择性吸收和反射（透射）是指对照射到物体上的各种不同波长光等比例吸收和反射（透射），并不一定是全部吸收或反射（透射），如图1-21所示：

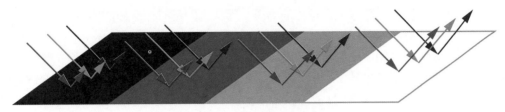

图 1-21　非选择性吸收和反射

马大哈：我现在清楚了，消色物体等比例反射光的能量越多，物体的颜色就显得越浅，如果100%的等比例反射所有波长的光，则消色物体看起来就是白色了。色觉形成的第三个要素是人的视觉器官，我每天睁眼享受生活中的美色，但是我并不清楚我的眼睛的构成及其功能。

七、眼球有何结构与功能

老　狼：了解自己的眼球结构与功能，对认识颜色的特性与合理运用颜色的规律十分重要，我们先看图1-22及相应的标示：

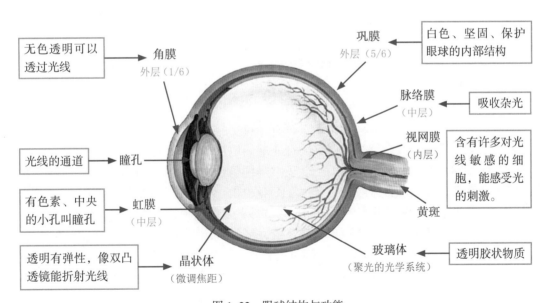

图 1-22　眼球结构与功能

从图1-22中可看出眼球由外层、中层和内层构成。**外层**由**角膜**和**巩膜**构成，分别起到透过光线和保护眼球的作用；**中层**是**虹膜**和**脉络膜**，虹膜向内收缩形成瞳孔，调节进入眼球内的光量，而脉络膜起到吸收杂光的作用；内层是视网膜起感光成像的作用，是眼球中最重要的物质了，晶状体起折射光线作用，玻璃体就像照相机的暗箱。

马大哈：您说视网膜是眼球中最重要的物质，那么视网膜有什么样的构造与功能？

1. 视网膜有何结构与功能？

老　狼：在人眼的视网膜中分布着700万个锥体细胞和12000万个杆体细胞，其中锥体细胞的外形成锥状，此处因锥体细胞数量多而呈黄色故称为黄斑，黄斑的中央有一凹处，如上图1-22所示，此处是人的视觉是敏锐的地方。而杆体细胞呈细长的杆状形，分布在除黄斑以外的整个视网膜上。

马大哈：两种不同的细胞分别有何作用？

老　狼：锥体细胞产生明视觉功能，即只有在光亮的条件下，才能分辨物体的颜色和细节，执行颜色视觉功能。杆体细胞产生暗视觉功能，即在较暗的情况下只能分辨物体的明暗和轮廓，是没有颜色感觉的视觉功能。

马大哈：那就是说，要想看到物体丰富的颜色和细微层次的变化，必须在较明亮的情况下，依靠锥体细胞来辨别；在较暗时，则依靠杆体细胞来识别物体的明暗和轮廓了。

老　狼：是的，在印刷复制过程中除了对光源的色温和显色性有要求外，如前面所述："看透射印刷品，则其被观察面的亮度为 1000 ± 250（$\mathrm{cd/m^2}$），看反射印刷品，必须要求光源的照度达到 $500 \sim 1500$ Lx"；同时还应自动调节观察部位的距离和角度，使之正对瞳孔，以使物体影像恰好聚焦在视网膜的中央凹处，这样才能清晰准确地观察和评价物体的颜色与细节了。

马大哈：视网膜中的锥体细胞是形成颜色视觉的重要物质，如果视觉器官中的锥体细胞不正常，人眼就看不到正常的颜色了，印刷复制业对人的视觉有没有特殊要求？

2. 印刷复制业对人的色觉有何要求？

老　狼：彩色印刷复制业需要工作人员有真实辨别颜色的能力，现实生活中的绝大多数人都具有健全的视觉器官，都能准确地辨认各种颜色，但也有少数人，因视网膜或视神经的缺陷而不能正常辨别颜色，即存在色觉缺陷，也称异常色觉者。此类色觉异常者又分为色盲和色弱两大类。图1-23为红绿色盲测试图，如果不能正确辨认图中的数字即为红绿色盲或全色盲。

色盲种类很多，有全色盲、红色盲、绿色盲、红绿色盲、蓝黄色盲，但最常见的是红绿色盲，即只能看到黄色和蓝色，而不能辨别红色和绿色。

色弱分为全色弱和部分色弱，与色盲不同的是对所有彩色或部分彩色的辨色能力较差。因此，请你记住："色盲和色弱者都不能从事彩色印刷复制工作，但可以在印刷公司中从事与颜色无关的工作岗位，如装订等印后加工、行政管理或其他与颜色不相关的事务。"

色盲通常男多于女，发生率在我国男性为 5% ~ 8%、女性 0.5% ~ 1%；日本男性为 4% ~ 5%、女性 0.5%；欧美男性 8%、女性 0.4%。

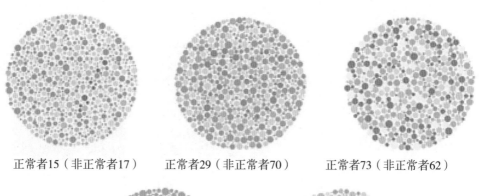

正常者15（非正常者17）　　正常者29（非正常者70）　　正常者73（非正常者62）

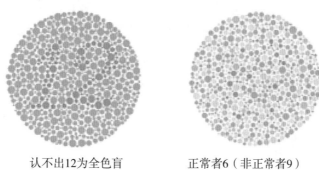

认不出12为全色盲　　　　　　正常者6（非正常者9）

图1-23　红绿色盲测试图

马大哈：我在观察物体颜色时，发现同样的一种颜色，放在不同背景上面时，物体的颜色会呈现出不同的效果；有的人喜欢红色，但也有一些人看到红色就心情烦躁，这是怎么回事呢？

八、人有什么色觉现象与颜色心理效应（**拓展**）

老　狼：当人眼中的视网膜受到光的刺激后，会将信息传送到大脑，随后大脑将按它贮存的经验、记忆和对比去识别这些传来的信息。不同的人因其经验和感受不同会产生不同的色觉，这是人类在自然环境中长期生活所具有的适应性和保护性所造成的，从而造成色彩设计和复制中的复杂性。因此颜色复制工作者了解常见的色觉现象及心理效应是十分必要的。

马大哈：常见的色觉现象有哪些？

1. 颜色辨认

老　狼：前面讲过："光的波长不同其颜色不同"，但在实际的颜色视觉中，波长与颜色并不完全是——对应的恒定关系，随着光强度的变化，颜色也在一定的范围内变化。经过实验测定，发现随着光强度的增加在可见光谱区域，颜色会向红色或蓝色方向变化，只有黄色（572nm）、绿色（503nm）和蓝色（478nm）这三点的颜色不变，如图1-24。且人眼一般可分辨出100多种不同的颜色，最敏感的部位是在490nm及590nm附近，最迟钝的是在光谱两端的颜色，如图1-25所示。

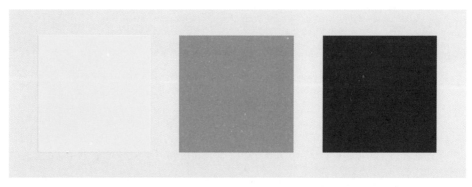

图 1–24　光强度改变人眼颜色感觉不变的三点颜色

图 1–25　光谱两端的颜色人眼感受最迟钝

2. 颜色对比

老　狼：在视场中，相邻区域不同颜色的相互影响叫做颜色对比。颜色对比分为明度
　　　　对比、色相对比和饱和度对比。明度对比如图1–26所示：

图 1–26　明度对比

从图1-26可看出，同一灰度的正方形在不同背景下所感觉到的明暗程度是不相同的，同一朵鲜花在不同明度的背景下，所感受到的效果也不相同，这就是明度对比产生的不同效应。在书刊印刷中文字之所以用黑墨印刷就是因为黑与白放在一起，明暗对比鲜明、清晰醒目，便于阅读。**色相对比**如图1-27所示：

图 1-27　色相对比

从图1-27可看出，不同色相的颜色配置在一起时，会使每一颜色的色调向另一颜色的互补色方向变化，图1-27中的三对互补色放在一起则使对比更加强烈，鲜明。**饱和度对比**如图1-28所示：

图 1-28　饱和度对比

（图中小圆饱和度均为 –50, 其余处饱和度均为 +50）

老　狼：从图1-28可以看出饱和度不同的颜色配置在一起时，饱和度高的显得更鲜艳，饱和度低的显得浑浊。

马大哈：在生活中从暗处走到亮处时，眼睛看东西感觉有点不适应，但过会又正常了，这是什么现象呢?

　　　　3. 颜色适应

老　狼：这是一种颜色适应现象，在了解颜色适应之前先认识亮度适应。众所周知，正常人的视觉有很强的适应性，既可以在阳光灿烂的中午或灯光明亮的车间里观察物体，也能在朦胧的月光或微弱的灯光下观察物体。当照明条件改变时，眼睛通过一定的生理调节过程对光的亮度进行适应，以获得清晰的影像，这个过程称为亮度适应。亮度适应分为暗适应和明适应两种情况。

（1）暗适应

老　狼：暗适应：当光线由亮变暗时，人眼在黑暗中视觉感受性逐渐增强的过程。如
看日场电影时，从明亮的阳光下走进已开演的影院内，刚开始眼前漆黑一
片，过几分钟后，能够隐隐约约看到观众的影子，十几分钟后，基本适应了
周围的环境，甚至可以借助银幕影像的微弱的光看清椅背上的号码。其过程
如图1-29所示。

图1-29　暗适应

（2）明适应

老　狼：明适应：当光线由暗转亮时，视网膜对光刺激的感受性降低的过程。如看完
日场电影后走出影院，来到日光下，起初会感到强光耀眼，但很快便能看清
周围的景物。一般暗适应时间长些，需几分钟至十几分钟，明适应时间短些，
只需几十秒至一分钟左右。其过程如图1-30所示。

图1-30　明适应

老　狼：这两种现象是因为在暗处视网膜中的杆体细胞起作用，而在明处仅锥体细
胞起作用产生，当人处在明暗交替变化的环境中时，视觉的二重功能将交
替作用。

马大哈：印前制作部门的版房里，工作时用红灯作安全灯，还有工作人员戴红色的眼
镜出出进进的，这是什么原因？

老　狼：这是因为版房里常用的拷贝片是正色片，因为正色片对红光不感光，所以可
以用红灯作为安全灯。其次是因为红光只对锥体细胞起作用，对杆体细胞不
起作用，所以红光不会阻碍杆体细胞的暗适应过程。在暗室工作的人员进出
暗室时，戴上红色眼镜，从明亮的地方再回到暗室时，就不需要重新暗适应。

这样既可节约工作时间，又可保护眼睛。还有车辆的尾灯采用红灯也是有利于司机在夜晚行车时的暗适应。夜间飞机驾驶舱的仪表采用红灯照明，既可保证飞行员看清仪表，又能保持视觉的暗适应状态。如图1-31所示。

图 1-31 明暗视觉适应性运用

马大哈：在生活和学习中，时常有这种感受，当看某一颜色看久了，马上转移去看别的颜色时，会感觉颜色有一些变化，这是什么现象？

（3）颜色适应

老　狼：这是一种颜色适应现象，颜色适应是指把先看到的色光对后看的颜色的影响所造成的色觉变化。如人眼注视青色几分钟之后，再将视线移至白纸背景上，这时感觉到白纸并不是白色，而呈现出青的补色—浅红色，产生颜色的负后相效应，如图1-32所示。但经过一段时间后又会恢复到白色的感觉，这一过程称为颜色适应。

图 1-32 颜色适应的负后相效应

马大哈： 颜色适应对彩色印刷复制有何影响？

老　狼： 颜色适应对印刷复制来说是有负面影响的，图1-33为在不同照明条件下的颜
色适应，因此在工作中要引起注意，避免频繁地在不同色温的光源下流动工
作，对印刷产品作评价时，要抓住最初一瞥的颜色感觉。

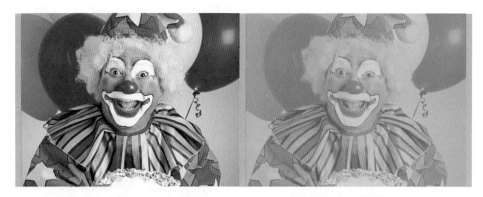

在白炽灯照明下的颜色效果　　　　　　在青色灯光照明下的颜色效果

图 1-33　颜色适应

马大哈： 在日常生活中，人们总是认为一些物体的颜色是不变的，如雪是白色的，而
煤是黑色的，这是一种什么颜色现象呢？

4．颜色恒定

老　狼： 这是一种颜色的恒定现象，即在照明和观察条件发生一定变化时，人们对物
体的颜色感觉保持相对稳定的特性叫做颜色恒定。如白天的雪花和月光下的
雪花，其颜色肯定是不一样的，但当人们谈到雪花时，都会认同雪花是白色
的，如图1-34所示。还有人们经常看到天空的蓝色、树叶的绿色、鲜艳的五
星红旗等，不管光源的照明情况怎样变化，但人们对这些颜色的感觉都是一

图 1-34　颜色恒定

致的。这表明物体的颜色并不完全取决于光和视觉器官，还受人们视觉经验即大脑产生心理作用的影响。通常把这些具有**颜色恒定性**的颜色称为记忆色。因此，对于从事颜色复制工作的人员来说，仅凭目测去准确地评价色彩是不可能做到的，必须借助有关仪器设备来完成，这也是彩色复制工作不能只凭经验，而必须推行数据化、规范化和标准化的原因之一。

马大哈：通过您的讲解，我对颜色辨认、颜色对比、颜色适应和颜色恒定等常见的颜色视觉现象有了基本的认识，但对颜色的心理感受还缺乏系统的认识？

5. 颜色有哪些常见的心理感受？

老　狼：颜色的心理感受主要有以下几方面：

① **颜色的冷暖感**：如红色、橙色、橙黄色，使人联想到火、太阳、炽热的金属，给人以温暖的感觉，常称这些颜色为暖色。如图1-35所示。

青色、蓝色、蓝绿色，使人联想到水、蓝天、树荫，给人以阴凉和寒冷的感觉，常称这些颜色为冷色。如图1-36所示。

图1-35　暖色感　　　　　　　　　　　　图1-36　冷色

绿色、紫色、黑色、白色、灰色给人不暖不冷的感觉，故称为中性色。如图1-37所示：

图1-37　中性色

老　狼：② **颜色的轻重感**：明色有轻飘、上升、轻巧的感觉倾斜向；暗色有沉重下沉的感觉倾斜向。如图1-38所示：

③ **颜色的空间感**：高纯度、高明度的暖色具有向前追近与扩大的感觉。称为**前进色**，如图1-39所示：

图1-38　轻重感　　　　　　　　　　　图1-39　前进色

低纯度、低明度的冷色有后退与收缩的感觉，称为后退色。如图1-40所示：冷暖配合时形成平面上前后空间层次感。如图1-41所示：

图1-40　后退色

图1-41　空间层次感

老　狼：④ 颜色的动力感：活动性强烈的高纯度色彩组织在一起，有动力效应，感染力强。如图1-42所示：

　　　　⑤ 颜色的透明感：利用明度、色相的层次渐变，通过一定的层次排列，可显示层层透明，轻快柔美的色彩效果。如图1-43所示：

图1-42　颜色的动力感

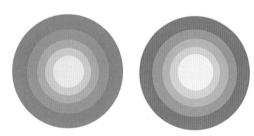

图1-43　颜色的透明感

　　　　⑥ 颜色的音乐感：一般亮黄色，鲜红色具有尖锐高亢的音乐感，暗浊色如深蓝色、深灰色等具有低沉浑厚的音乐感，色环中邻近色构成的画面，具有柔和的音乐感，如图1-44所示。

马大哈：您所述的这些颜色心理效应，与一个人所处的生活、学习和工作环境有关，我深有同感，但一般人没有系统地去认识和总结。我是男孩子，在给初恋的女朋友送花时，花店的老板叫我送粉红色的玫瑰，老板说粉红色代表初恋的感情。看来颜色还可以代表感情，那么颜

图1-44　颜色的音乐感

色在生活中表示情感方面有哪些体现？

6. 颜色可以表现哪些情感？

老　狼：由于人们长期生活在一个色彩的世界，积累了许多色彩的视觉经验，一旦经验与外来色彩刺激发生一定的共鸣时，就会左右人们的情绪，产生使人兴奋或沉静的作用，这种作用称为色彩的情感效果。一般色彩的情感表现如图1-45所示：

色　彩	色彩名称	抽象联想
	红	兴奋、热烈、激情、喜庆、高贵、紧张、奋进
	橙	愉快、激情、活跃、热情、精神、活泼、甜美
	黄	光明、希望、愉悦、祥和、明朗、动感、欢快
	绿	舒适、和平、新鲜、青春、希望、安宁、温和
	蓝	清爽、开朗、理智、沉静、深远、伤感、寂静
	紫	高贵、神秘、豪华、思念、悲哀、温柔、女性
	白	洁净、明朗、清晰、透明、纯真、虚无、简洁
	灰	沉着、平易、暧昧、内向、消极、失望、抑郁
	黑	深沉、庄重、成熟、稳定、坚定、压抑、悲感

图 1-45　颜色的情感表现

这些情感表现是符合大多数人的颜色感觉的，我们可以在不同的场合和不同的情景及交往中，恰当地利用色彩去表达人们的情感，使我们的生活和工作变得更加丰富多彩。

马大哈：看来"色彩就是力量"道理深刻，在恰当的时候利用色彩比用语言和其他方式表达人们的感情更有效。颜色有哪些象征性？

7. 颜色有哪些象征性？

老　狼：人们对某个色彩赋予某种特定的内容称为色彩的象征性。某个色彩表示某种特定的内容，久而久之这个色彩就逐渐成为该事物的象征色了。象征性意义在于能深刻地表达人的观念和信仰。不同时代、不同地域、不同民族，色彩的象征性是不尽相同的。如在中国常见色彩的象征性如下：

红色：象征喜庆、吉祥、革命；

白色：象征死亡、哀伤；

绿色：象征春天、生命、希望、和平、安全；

蓝色：象征理智、尊严、高科技、真理；

紫色：象征优越、优雅、高层次、孤傲、消极；

黄色：帝王的专用色。

而在西方常见色彩的象征性如下：

白色：在婚礼上象征纯洁、幸福；

黑色：在葬礼上象征死亡、哀伤；在婚礼上象征庄重、高雅；

绿色：象征和平；

蓝色：象征贵族、蓝色血统、高科技；

紫色：是紫色门第、贵族的象征；

黄色：是背叛、野心、狡诈的象征。

马大哈：这就是说除了可以用颜色表达人们的情感外，还可用色彩去象征性地表达人们的观念和信仰。我喜欢绿色，但我的朋友喜欢蓝色，这说明不同的人对颜色有喜好之分。

8. 颜色的喜好

老　狼：调查表明，由于人的民族、地域、经历、习惯、观念、文化艺术素养等的不同，人们对色彩的一般爱好常有区别，但也具有相对稳定性。一般来说有如下共同点：

老年人喜欢：青灰、灰暗、棕色、较暗的稳重的色彩；

青年人与儿童喜欢：红色、淡青、绿色等鲜明的色彩；

城市人喜欢：绿色、蓝色等冷色；

农村人喜欢：红色、橙红等暖色；

中国人喜欢：高纯度的红色、绿色；

欧洲人喜欢：蓝色。

当然，随着时代的发展和人们生活环境的变化，人们对颜色的喜好也会发生变化。

马大哈：看来颜色的心理效应真是太丰富了，我必须多多注意观察和留意人们对生活中的色彩感受才行。通过前面内容的学习，我对形成颜色的物理要素——光源、光和物体与颜色之间的关系，以及印刷业对光源的要求有了清晰的认识；对形成颜色的生理要素——视觉器官的特性及其与颜色之间的关系也有了比较深入的了解，并对印刷业对人的色觉要求也十分清楚了。但是还有一个问题，颜色形成除了与光、物体、视觉器官和大脑有直接关系外，与环境和背景有无关系？

九、环境和背景对物体颜色有何影响

老　狼：你真是太聪明了，看来你是一个爱思考的人。物体放在不同背景和环境下，其颜色是会受到较大影响的。要搞清楚这个问题，首先要弄清楚物体的固有色、光源色和环境色三个概念。

物体的固有色是指物体在日光下呈现出的颜色。光源色是指光源发出的光的颜色。被观察物体周围邻近物体的颜色称为**环境色**。我们先来看看物体的固有色。如图1-46所示：

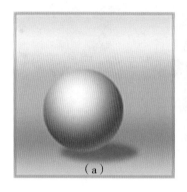 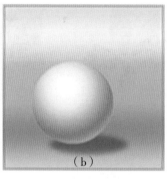 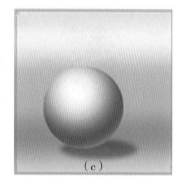

（a）　　　　　　　　　　（b）　　　　　　　　　　（c）

图 1-46　物体的固有色

老　　狼：图1-46中的（a）、（b）、（c）分别是红、绿、蓝三色球体，它们在相同背景条件下，在日光下呈现的颜色。从图中可以看出固有色主要体现在中间调子，这说明一个中间色调丰富的图像，它的物象表现最为丰富。

马大哈：固有色好理解，就是在日光下物体呈现的颜色，但光源色又是怎样影响物体固有色？

1．光源色对物体色有何影响？

老　　狼：看图1-47，浅灰色的圆柱体在红色灯泡照射下呈现出浅红色，而在蓝色灯泡照射下呈现出了浅蓝色，这说明消色物体与光源同色。其原因是浅灰色属于消色，它具有对照射到其上的可见光有同等程度的吸收与反射的特点，当红光照射到上面时，就反射红光，蓝光照射到其上时就反射蓝光，但由于其反射的量不大，所以看起来是浅红和浅蓝色了。

图 1-47　消色物体与光源同色

马大哈：彩色物体在不同颜色光的照射下，又将呈现出什么变化？

老　　狼：我们再看图1-48与图1-49所示：

图 1-48　彩色物体受光源色影响

图 1-49　彩色物体受光源色影响

老　狼：在图1-48中，黄光灯发射的红光和绿光照射到花朵上，其中绿光被花吸收掉，只有红光被花朵反射，所以人眼看到的花朵仍然是红色，但是，当用青色灯泡照射时，其发射的蓝光和绿光全被红花吸收掉，所以人眼看到的是黑色的花朵了。同样道理，在图1-49中，黄色衣服在红色灯光照射下，只有红光被反射，因此人眼看到的是红色衣服，而黄色衣服在蓝色灯光照射下，蓝光全被黄色衣服吸收掉，所以人眼看到的衣服是黑色了。

马大哈：看来光源色对彩色物体颜色的影响是很大的，也是很复杂的，我一下子也弄不明白，但我想知道光源色对物体色的影响主要体现在哪里？

老　狼：一下子弄明白其中的全部道理，是有难度，但随着后面内容的学习，你就会逐渐明白全部道理了。光源对物体颜色的影响主要体现在物体的光亮部位，也就是面向光源的那一面，如图1-50所示：

图1-50中小球受光部位的颜色明显不同。图1-50（a）中的球体在阳光的照射下呈白色，高光部位白得耀眼；而图1-50（b）中的球体在荧光灯的照射下白色的球体略偏青色，高光部位也没有图1-50（a）显得刺眼；图1-50（c）中的球体在白炽灯的照射下球体略偏淡黄色，高光部位也显得柔和。这说明物体的亮调部位是光源色与固有色的综合。另外，光源色的强弱也是至关重要

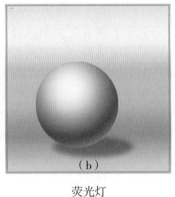
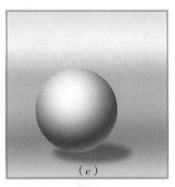

太阳光　　　　　　　　　　荧光灯　　　　　　　　　　白炽灯

图 1-50　光源对物体亮调处影响

的，光源色越强，对固有色影响越大，甚至可以完全改变固有色，如光滑材质的亮点，又如电焊的弧光，让周围的人和物都蒙上了刺眼的青白，而所有受光部位的固有色显得反而很难区别了。相反，在黑暗的夜晚你什么也看不见，这并不能说明不存在物体，物体没有固有色，只是没有光源而已。

马大哈：环境色对物体色又有何影响？

2. 环境色对物体色有何影响？

老　狼：我们先看看图1-51：

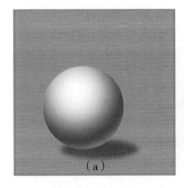
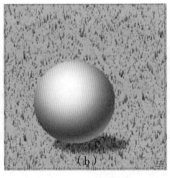
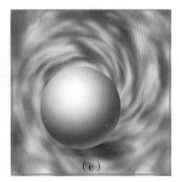

图 1-51　环境色对物体色影响

从图1-51（a）中可看出，小球受环境色光反射的影响，在较暗的区域略成橘红色，呈现出一定的暖色调；图1-51（b）中球的暗部略显草绿色；图1-51（c）中球的暗部略显青色，体现冷色调。从图1-51示例可以看出，**环境色对物体色的影响主要表现在暗调部位**，一般规律是：颜色鲜艳或面积大的邻近物体所产生的环境色影响较大；邻近物体与被观视物体距离近时产生的影响大；被观视物体表面越光滑，受环境色影响也就越大。

马大哈：由此说来，光源色与环境色对物体色的再现会产生直接影响，对于印刷公司而言，每天都会接到客户送来的原稿，每天都要面对不同的打样稿和印刷品，怎样做才能使原稿、打样稿和印刷品的颜色得到真实再现呢？

　　3. 印刷业对环境与背景有何要求？

老　狼：首先要选择标准光源D65和标准光源D50用于印品的检验处照明（前面已学），此外，环境色应设定为孟赛尔明度值为N6/—N8/的中性灰色（彩度小于0.2），观察印刷品的背景色应是无光泽的孟赛尔颜色标定N5/–N7（彩度小于0.2）。

马大哈：颜色的形成过程及相关要素间的关系我已十分清楚了，但对颜色视觉理论，我一概不知？到现在为止，出现过几种理论？

十、颜色视觉理论（拓展）

老　狼：了解一点颜色视觉理论方面的知识也是必要的。颜色视觉理论的发展经历了三色学说、四色学说和阶段学说。

　　三色学说的主要观点是人的视神经中含有感红、感绿、感蓝三种感色细胞，当受光刺激时，三种细胞不同程度地受到光的刺激，经合成后产生颜色视觉感受。其优点是能充分说明各种颜色的混合现象及颜色混合是三种感色细胞按特定比例兴奋的结果，其缺点是不能解释色盲现象，如红色盲也是绿色盲，色盲也有白色的感觉。

　　四色学说认为人的视网膜中有三对视素即黑—白、红—绿、蓝—黄；当受到不同的光刺激时，三对视素通过同化（建设）—异化（破坏），两种对立的过程，产生颜色和明暗视觉。其优点是能很好地解释负后像和色盲现象，缺点是三原色产生光谱中全部颜色的现象不能解释（负后像是指人眼先看红色一段时间后，再转去看白色时，得到了红色的补色即青色感受时的这种现象）。

　　阶段学说认为人的视网膜受光刺激发生反应时符合三色学说，颜色信息的传导及合成符合四色机制。阶段学说既能圆满地解释颜色混合这一重要现实问题，又能很好地解释色盲现象，将三色学说与四色学说很好地统一起来了。

马大哈：这就是说我们现在所用的颜色视觉理论是阶段学说了，所有颜色视觉研究都是基于这一理论的。

老　狼：阶段学说是比较科学的，被颜色理论界所接受和认可。

知识归纳

学习评价

自我评价

是否真正理解了颜色的内涵？　　　　　　　　　　　　　　　　　□ 是　　□ 否

能正确选用印刷生产车间与品质检测处的光源与照明装置吗？　　　□ 能　　□ 否

小组评价

是否掌握了形成颜色的四要素及各自特点与相互关系？　　　　　　□ 是　　□ 否

是否理解了物体的呈色特性？　　　　　　　　　　　　　　　　　□ 是　　□ 否

能描述印刷业对光源和颜色视觉的要求吗？　　　　　　　　　　　□ 能　　□ 否

学习拓展

在网络上查找印刷业使用的标准光源、照明装置及著名的经销商。

在网络上查找颜色心理效应在印刷复制业的应用案例。

训练区

一、知识训练

（一）填空题

1. 色觉形成的四个要素是：_____、_____、_____和大脑。

2. 颜色视觉理论的三种学说分别是：_____、_____和_____。

3. 杆体细胞形成_____视觉，锥体细胞形成_____视觉。

4. 光源的色温不同，其发出的光的_____也不同。

5. 物体之所以呈现出彩色，是由于物体对不同波长的光进行_____吸收和反射（透射）所致，呈现消色是由于物体对不同波长的光进行_____吸收和反射（透射）所致。

6. 光源是发射光的物体，可分为_____、_____和_____。

（二）单选题

1. 色温表示的是（　　　）。
   （A）光源的温度　　（B）颜色的温度　　（C）颜色的特性　　（D）色光的温度

2. 衡量光源显色能力的物理量是（　　　）。
   （A）色温　　　　　（B）显色性　　　　（C）明度　　　　　（D）密度

3. 印刷机的看样台或产品检验台应选用（　　　）。
   （A）日光灯　　　　　　　　　　　　（B）白炽灯
   （C）标准照明体D50或D65　　　　　　（D）标准光源D50或D65

4. 印刷企业生产车间常用（　　　）照明。
   （A）日光灯　　　　　　　　　　　　（B）白炽灯
   （C）标准照明体D50或D65　　　　　　（D）标准光源D50或D65

（三）多选题

1. 下列光源能发出可见光的是（　　　）。
   （A）太阳　　　　　　　　　　　　　（B）日光灯
   （C）萤火虫　　　　　　　　　　　　（D）手机所接受到的电磁波

2. 下列光源所发出的光属于复色光的是（　　　）。
   （A）太阳　　　　（B）日光灯　　　　（C）白炽灯　　　　（D）红色激光器

3. 人眼的锥体细胞能够分辨物体的（　　　）。
   （A）大小　　　　（B）颜色　　　　　（C）形状　　　　　（D）细节

4. 人眼的杆体细胞能够分辨物体的（　　　）。
   （A）明暗　　　　（B）颜色　　　　　（C）轮廓　　　　　（D）细节

（四）判断题（在题后括号内正确的打√，错误的打×）

1. 彩色物体之所以呈现其缤纷的色彩是因物体对光的选择性的吸收。（　　　）

2. 黑色、白色及不同亮度的灰色统称为消色。（　　　）

3. 光的波长不同，其颜色也不同。（　　　）

4. 阳光是白光，所以阳光是单色光。（　　　）

5. 光是色的源泉，色是光的表现。（　　　）

6. 印刷业要求照明光源的显色指数大于80。（　　　）

7. 通常将波长在380～780nm的电磁波称为可见光。（　　　）

8. 形成无彩色的根本原因是选择性吸收。（　　　）

9. 色盲和色弱不能从事彩色印刷复制工作。（　　　）

（五）名词解释

1. 颜色；2. 单色光；3. 复色光；4. 色温；5. 显色性；6. 颜色对比；7. 颜色适应；
8. 颜色恒定。

二、课后活动

　　请每一位同学写出你参观印刷会展（见习或实习）时看到的标准光源、标准看样台、辨色箱的种类、名称及相关公司的名称。并结合本学习任务谈谈印刷企业应如何选用光源。

三、职业活动

　　将几种不同的彩色商业广告和彩色期刊放于标准看样台、日光灯和自然光下观察对比，体验颜色的视觉变化。并从网络上查找印刷标准光源、标准看样台、辨色箱的种类与专门的销售公司，列举出国内最有名的几家公司。

学习任务 2　颜色有何规律、如何应用

（建议 6 学时）

学习任务描述

　　印刷品的颜色是油墨吸收和反射不同波长色光的结果，那么被吸收和反射的色光，以及作为吸收色光的色料（油墨），在颜色形成的过程中各自体现出何种特性与规律？本任务通过理论与实践相结合的学习体验，去认识色光与色料三原色及其特点、掌握色光与色料的混色规律，并学会应用其混色规律进行间色调配。

　　重点：色料减色混合规律

　　难点：色料减色混色律的应用

引导问题

1. 色光三原色是什么？常用什么字母表示？

2. 你能写出色光加色混合的四个混色方程式吗？

3. 你能写出典型的三对互补色光吗？互补色光混合时，颜色变亮吗？

4. C、M、Y分别表示色料的哪三个原色？

5. 你能写出色料减色混合的四个混色方程式吗？

6. 你能写出三对典型的色料互补色吗？互补色料混合时，颜色变暗吗？

7. 动画片与电影是色光动态混合呈色吗？画家画的作品符合色料减色呈色规律吗？

8. 你能比较色光加色法与色料减色法的异同吗？

9. 你能举例说明色料减色代替律及应用吗？

10. 你能用色料三原色，调配出三个间色吗？

马大哈： 徜徉在商店超市，所有的产品无一例外地通过精美的包装、耀眼的色彩吸引着消费者的眼球，刺激着消费者的购买欲望；步入商场的家电部，迎面而来的动感十足、眼花缭乱、色彩斑斓的电脑视频和电视画面令你驻足。看来颜色确实具有先声夺人的力量，那么印刷品与电视机为何能呈现出五彩缤纷的色彩？

一、色光混色有何规律、如何应用？

老　狼： 生活中的色彩无处不在，认识物体的呈色特点与规律，不仅对工作有利，对丰富我们的生活都大有益处。电视机和电脑屏幕是通过色光加色混合的方式呈色的，要搞清楚色光混合呈色的特点与规律，首先要认识色光三原色。

马大哈： 色光三原色是什么？

1. 色光三原色是什么？

老　狼： 研究人员发现：可见光中，红、绿、蓝光所占波长范围较宽，其中蓝光：$400 \sim 470nm$、绿光：$500 \sim 570nm$、红光：$600 \sim 700nm$，通过对视觉生理的深入研究，又进一步发现：红、绿和蓝光与人的视觉生理条件有着密切联系。根据颜色视觉理论，人的每个视网膜上分布着约700万个感色的锥体细胞，其中又分为感红、感绿和感蓝细胞，分别对红、绿和蓝光反应灵敏。当红光照射人眼时，感红细胞会迅速兴奋起来，于是产生红色的感觉；如果是绿光照射人眼，则感绿细胞便会产生兴奋，此时形成绿色的感觉；同样，蓝光的刺激会使感蓝细胞兴奋，从而形成蓝色的感觉。如果是黄色光的刺激，则是使感红与感绿细胞同时兴奋，便使人产生黄色的感觉。如果是白光作用于人眼时，则三种感色细胞产生同等程度的兴奋，便产生白色的感觉。当它们接受不相等的光刺激，各自产生程度不等的兴奋时，就会形成相应的颜色感觉。由此可见红光、绿光、蓝光这三种单色光以不同比例相混合，可以得到自然界中的一切可见的色光，而它们三者却是不能由任何其他色光混合得到的。因此，将红光、绿光、蓝光确定为色光三原色又简称为三原色光。为了统一对三原色光的认识标准，CIE于1931年规定：标准色光三原色的代表波长是：红光（R）：700nm，绿光（G）：546.1nm，蓝光（B）：435.8nm。如图1-52所示：

马大哈：我明白了色光三原色是红、绿、蓝，且分别用R表示红色，G表示绿色，B表示蓝色。那么色光按何种规律进行混合？

　　2. 色光加色法有何特点？

老　狼：色光之间的混合是按照加色法规律进行的，色光加色法是指两种或两种以上的色光混合呈现另一种色光的方法。如图1-53所示：

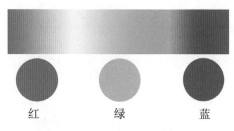

图 1-52　色光三原色

老　狼：图1-53为投射红光、绿光、蓝光的三个投影机在平面上重叠投影的情况，其中二色及三色重叠呈色规律符合图中的四个方程式（方程中的各色光均为等量）。从图可看出色光加色法的实质是色光相加、能量相加，越加越亮。

马大哈：图1-53及方程式所示的色光混色规律是针对等量色光的混合情况，对于非等量混合呈色又是怎样的一种现象呢？

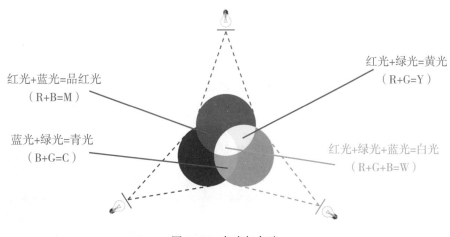

图 1-53　色光加色法

老　狼：两原色光或三原色光不等量混合所得混合色光的颜色偏向强度大的色光的颜色。如图1-54所示：

马大哈：图中的公式这么多，我一下子记不住了。

老　狼：我给一个辅助记忆法，如图1-55所示，用这个色环就能形象地记住这些公式及颜色变化的情况，例如：R+G等量混合，呈黄色；当绿光不断减弱时黄就偏向红色，绿光完全消失时，颜色就变成了大红。

马大哈：的确很形象，我来试试：G+B等量混合，从色环上看应呈青色，若绿光减弱，颜色就会偏蓝色，绿光减弱到没有时，颜色就变成蓝的了。我说得对吗？

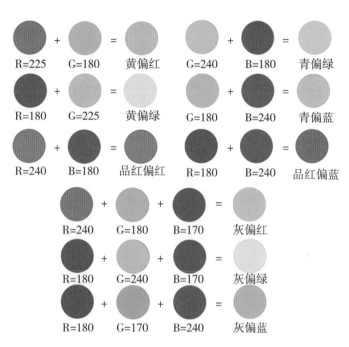

图1-54　色光非等量混合

老　狼：按照此法对照色环图多加细心观察分析，你很
　　　　快就能记住不等量色光混合的颜色变化规律。

马大哈：如果两种色光相加呈现出白色光，这两色光之
　　　　间是什么样的关系？

老　狼：两种色光相加呈现出白色光时，这两种色光互
　　　　为补色光。如图1-56所示：

马大哈：照您这么说来，从图1-56可以得出红光与青
　　　　光、绿光与品红光、蓝光与黄光**是互补色光**
　　　　了。但实际上不可能只有三对互补色光，我想
　　　　应该有很多色光之间混合都能得到白色光的效
　　　　果，这些补色光之间的关系是怎样确定的呢？

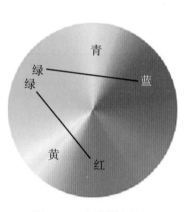

图1-55　色光混色记忆

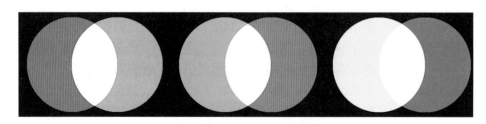

图1-56　互补色光混色图

老　狼：你是一个善于思考的人，的确很多色光
之间都能相互混合得到白色光，互补色
光数也数不清，如图1-57所示，在该色
相环中只要相互间成180度角的颜色就是
互补色光。

马大哈：也就是说通过色环中心点，两端呈180度
角的颜色就是互补色了。您几次提到颜色
环，颜色环是怎样得来的？有什么规律？

老　狼：前面已讲过，可见光是由红、橙、黄、
绿、青、蓝、紫等光组成的，如果把可见
光谱按照此顺序排列成行，在行列两端是
红光和紫光，如图1-58所示：

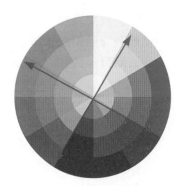

图 1-57　色相环与互补色光

图 1-58　可见光谱色

从物理学的角度来说，可见光是不成环
的，只是呈开放形的一条彩色光带。但将
可见光谱两端的色光混合，即红光加上蓝
光得品红光、红光加紫光可得品红色系的
紫红光。这样就找到了把光谱两端连接起
来的纽带——谱外色。于是在我们的心理
上就可以使它们连成环。如图1-59所示：
每一种色光在圆环上或圆环内占一确定位
置，白色位于圆环的中心。颜色彩度越
小，其位置点离中心越近。在圆环上的颜
色则是彩度最大的光谱色。

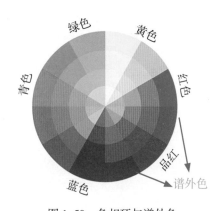

图 1-59　色相环与谱外色

马大哈：色光在混合时有几种方式呢？

3. 色光混色有几种类型？

老　狼：色光混合分为色光直接混合和色光反射混合两种类型。

（1）色光的直接混合

色光直接混合是指光源在发射光波
的过程中直接混合成色，也称为视觉器
官外的混合呈色。如太阳光，在人眼看
到日光时，其颜色已混合好了。如图
1-60所示：

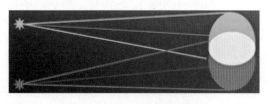

图 1-60　色光直接混合呈色

老　狼：**色光反射混合**是参加混合的色光分别作用于人的视觉器官后才使人产生新的色觉的混色方式，也称为视觉器官内的混色。此种混合成色又可分为**色光动态混合**和**色光静态混合**两种形式：

马大哈：色光在静态怎样混合呈色？

（2）色光的静态混合

老　狼：色光的静态混合也称色光的空间混合或并列混合，要搞清楚这个问题首先要了解人眼的视觉空间混合原理：

如图1-61所示，分别是用十倍放大镜看到不同颜色网点并列的情况，当去掉放大镜时，由于各个色点反射了相应的色光到人的视觉器官内，不同程度地刺激了感红、感绿、感蓝感光细胞，产生了相应的颜色兴奋，由于网点间的距离很小，人眼不能区分单个网点的颜色信息，因此看到的是进行了加色合成的总体颜色效果（如图中的小色块所示）。

空间中两点间的距离小于等于0.073mm时（正常视距250mm），人眼不能区分而把其当成一点。

色光的空间（网点并列）混合成色示意图

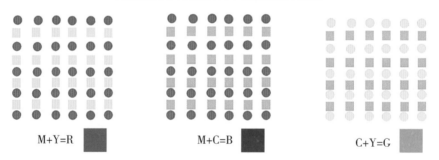

M+Y=R　　　　　M+C=B　　　　　C+Y=G

图1-61　色光空间（网点并列）混合呈色

老　狼：彩色印刷品实际上是由一个个网点组合呈色的，尤其是在亮调区域，网点以并列呈色为主，如图1-62所示：此图是一张人物印刷品头像，用放大镜看到的是大小不同，颜色不同的网点，但当不用放大镜时，人眼只能看到图像的整体颜色和阶调。

马大哈：通过图1-62所示，我明白了静态混合成色原理，没想到加网印刷就用到了这种呈色方式。照此说来，如果没有

图1-62　网点印刷呈色

人眼的视觉空间混合特性存在，现代的加网印刷技术和工艺是不能用于彩色图像的印刷复制了。

老　狼：是的，加网印刷的理论依据之一就是人眼的视觉空间混合原理，彩色电视机和电脑屏幕的呈色也属于这种方式。

马大哈：色光在动态时又怎样混合呈色？

（3）色光的动态混合

老　狼：色光的动态混合也称作色光的时间混合，是指运动状态的色光先后并连续地刺激人眼的视网膜，利用人眼的视觉暂留叠加而合成颜色的一种方式。如电影、电视节目和动画片等就是色光动态混合的应用。如图1-63所示：

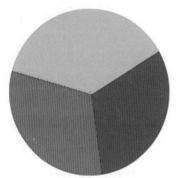

图1-63　牛顿色盘

牛顿色盘中红、绿、蓝色块面积相等，当快速转动时人眼看到的色盘为白色，这就是因为红、绿、蓝三色光快速连续地刺激视网膜感色细胞后，颜色刺激反应叠加的综合色觉。由于人眼有一种视觉暂留现象，即人眼看到的物体消失后，物体的形状和颜色仍会在视网膜上保持约1/10秒的时间。当第一色的刺激在视网膜上引起的反应尚未消失，第二色的刺激接踵而来，便与第一色相加混色，从而得到新的颜色，如果后面总是这样连续不断地，快速交替地产生作用，最后自然地在人的视觉中产生了混合色觉。正是因为人的这种视觉特性，人类才得以愉快地欣赏到电影、电视中彩色的连续画面。

马大哈：色光的静态混合与动态混合有什么共同点呢？

老　狼：共同点是都是在视觉器官内进行的加色混合。

马大哈：对于色光而言，在相互混合呈色时，有哪些规律可循呢？

4. 色光混色有何规律？

老　狼：1854年德国的格拉斯曼（1809—1877）总结出色光加色混合有如下规律：

① 人的视觉只能分辨颜色的三种变化，即色相、明度和彩度。

② 明度相加定律：即混合色光的明度等于各色光的明度之和，也就是色光相加时，会越加越亮。

③ 色光的补色律：某一颜色与其补色以一定比例混合产生白色或灰色，按其他比例混合便得近似比例重的颜色。如红光与青光、蓝光与黄光、绿光与品红光等量混合就会呈现出白色光。

④ 中间色域：是指任何两个非补色相混合，便产生外貌位于这两个色之间的中间色，且其色调偏向于比例大的颜色的色相，如图1-64所示。

⑤ 代替律：外貌相同（视觉效果相同）的色光，不管它们的光谱组成是否一样，在加色混合中具有相同的效果。如不同光谱组成的两个颜色A与B，它们的外

红200　　　绿150　　　混合色

图1-64　混合色的色相偏向比例大的色光的色相

貌相同，则可以写成：

$$A \equiv B$$

当它们与C混合时，则A+C$\equiv$B+C。

5. 色光代替律有何应用？

老　狼：利用色光代替律，可将偏蓝的日光灯和偏黄的钨丝灯二者结合，自制混合光源，得到近似日光效果的辨色光源，用于印刷和制版车间的照明。

马大哈：通过上述内容的学习，我对电视机与电脑屏幕按色光加法法呈色的特点和规律有了全面的认识，但对印刷品和彩色打印机打出来的彩色图片而言，其呈色又是按什么原理进行？有何特点和规律？

二、色料混色有何规律、如何应用

1. 色料的分类及特点

老　狼：印刷品和彩色打印机所用的呈色物质统称为色料，即能够呈色的材料。色料可分为颜料和染料。一般把不溶于水、油、乙醇等有机溶剂的色料称为颜料，如图1-65所示。油漆、印刷用的油墨及绘画用的色料等都属于颜料。把溶于水、油、乙醇等有机溶剂的色料称为染料。如图1-66所示，印染行业一般用染料染色各种布料。

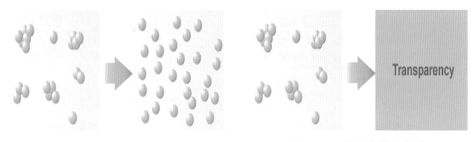

图 1-65　颜料分散示意图　　　　　　图 1-66　染料分散示意图

马大哈：这就是说色料与染料都是着色物质，只是分散的方式不同，颜料是分散，而染料是溶解，印刷用的油墨是采用分散方式的颜料来呈色的。那么用于油墨的颜料常见的有哪些呢？

老　狼：常见的有钛白、炭黑、普鲁士蓝、铬绿、色淀红色C、亮胭脂红6B、联苯胺黄、酞化青等。

马大哈：不同的色料其颜色各不相同，有没有最基本的色料呢？

2. 色料三原色是什么？

老　狼：根据色料混合实验发现，以黄、品红、青三种色料为基础，以任意两色或三色按不同比例相混合，可以调配出人们所需要的绝大多数颜色。反之，自然界中任何其余色料都无法混合出这三种颜色。因此，我们将黄、品红、青三种色料确定为色料三原色，也称减色法的三原色，常用Y表示黄，C表示青，M表示品红。如图1-67所示：

图 1-67　色料三原色

马大哈：油墨厂生产油墨时是不是只生产这几种原色墨呢？

老　狼：不是的，在彩色印刷过程中，油墨的三原色因选用颜料种类不同，加之要适应不同类型彩色原稿的复制特点，各油墨厂都生产有不同型号、色相有微小差异的三原色油墨，此外，为了适应市需求，很多油墨厂也生产各种专色油墨，并为一些印刷企业定制专色油墨。如某油墨厂就生产有金光红、大红、洋红、桃红、玫瑰红、橘红、透明黄、浅黄、中黄、深黄、橘黄、孔雀蓝、品蓝、天蓝、深蓝、射光蓝、绿、浅绿、深绿、白、黑墨等品种。但一般用作三原色油墨的是"中黄、天蓝、洋红"。

马大哈：色料之间混合时，其呈色规律是怎样的呢？

3. 色料减色法有何特点？

老　狼：色料间的混合呈色符合色料减色法。色料减色法是指从复色光中减去一种或几种单色光，而得到另一种色光的方法。如图1-68所示：

图1-68是黄、品红、青三层透明度较好的油墨按图示交叉重叠涂抹在透明玻璃上的呈色情况（注意方程式中各色墨量均等量也即墨层厚度均相等）。从图1-68中可以明显看出，重叠区域即色料相加区域，所得颜色变暗。

马大哈：为什么色料相加时会出现图1-68所示的结果？且颜色变暗的现象呢？

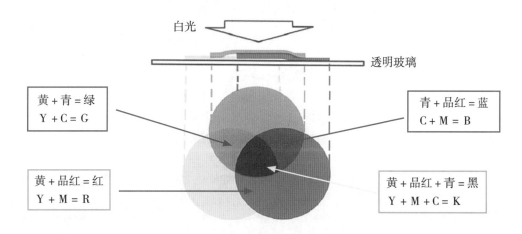

图 1-68　色料减色法

老　狼：以品红＋青＝蓝为例，如图1-69所示。
当白光（可用红、绿、蓝光代替）照射
到叠印的油墨层时，因为品红油墨吸收
（减去）了绿色光，青色油墨吸收（减
去）了红色光，只有蓝光能透过重叠区
域，透过的蓝光到达纸面后，因纸面的
反射率很高，所以绝大部分的蓝光又被
反射出来。

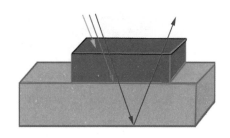

图 1-69　减色混合得蓝

人眼所看到的只有蓝光了，因此重叠处呈现蓝色。原来白光是由红、绿、蓝
三种光组成的，光的能量较大，而经过叠印后的区域，因绿光和红光被吸收，
也就是被减掉，能量被吸收了2/3，因此看到的蓝色光较白光要暗。同理其它
墨层叠印部分的颜色效果分别如图1-70、图1-71所示。

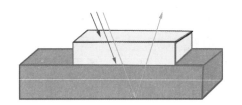

图 1-70　减色混合得绿色

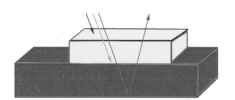

图 1-71　减色混合得红色

马大哈：我明白了，因为色料混合时吸收了相应
的色光，即减掉了部分色光，从而使光
能减弱，因此称为减色法。从图1-72中
可看出，黄、品红、青等量叠加时把可
见光中的色光全部吸收后，无光反射，
因此人眼看到的便是黑色。那么以减色
法进行混合呈色的类型有几种？

4. 色料减色混色分为几种类型？

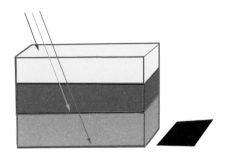

图 1-72　减色混合得黑色

老　狼：有二种，一种是透明色层的叠合，如滤
色镜呈色、印刷品网点重叠和套版印刷呈色等（一般四色加网叠印油墨都具
有良好的透明度）；另一种是色料的调和，如四色加网印刷产品亮调处的网点
并列呈色，专色油墨的调和呈色等。如图1-73、图1-74和图1-75所示：
在加网印刷产品中，图像中较亮处以网点并列呈色为主，放大后的网点并列
如图1-74所示：当红、绿、蓝光照射到油墨网点上时，绿光被品红网点吸收，
红光被青色网点吸收，蓝光被黄色网点吸收，因此呈现出如图中A、B、C所
示的不同颜色。图像中较暗处以网点重叠呈色为主，其呈色原理如图1-70~
图1-72所示。

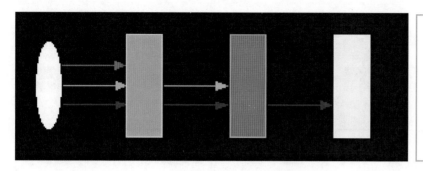

青滤色片吸收红光、透过绿光和蓝光；品红滤色片吸收绿光、透过蓝光；黄滤色片吸收蓝光。

图1-73 滤色片呈色

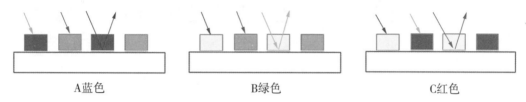

A蓝色   B绿色   C红色

图1-74 印刷品高调处网点并列呈色

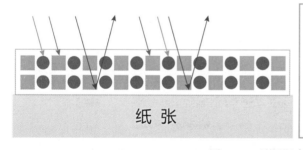

纸 张

调配好的品红和青墨经放大后如左图所示：颜料颗粒均匀分布，类似网点并列和重叠。红、绿、蓝光照射到墨层上，红光被青颜料吸收，绿光被品红颜料吸收，只有蓝光透过墨层到达纸面后反射出来，因此呈现出变暗的蓝色。现在一般专色印刷都采用调墨方式得到所需专色。

图1-75 油墨调合呈色

马大哈：您能不能把三原色油墨的呈色规律用图形象地表示出来，以便理解？

老　狼：好的，请看图1-76所示：

图1-76中，青色油墨因吸收了红光、反射了绿光和蓝光，而绿光+蓝光=青色光，因此人眼看到青色油墨呈现出的颜色为青色；当黄、品红油墨叠印时，因黄墨吸收了蓝光、品红墨吸收了绿光，只有红光被反射，因此人眼看到的叠印效果呈现出红色；而当黄、品红、青三色叠印时，因黄墨吸收了蓝光、青墨吸收了红光、品红吸收了绿光，白光中的颜色光全部被吸收了，因此无光反射，所以人眼看到的叠印处呈现出黑色。

马大哈：从分析来看，油墨呈色实际上是先经过减色，后经加色反应而呈色。

老　狼：是的，所有色料的混合呈色，如油漆、涂料、染料等都是如此。

马大哈：色料混合呈色除了减色法四个基本方程外，还有无其他规律可循呢？

老　狼：下面，我们通过实验来总结色料混合呈色的规律。

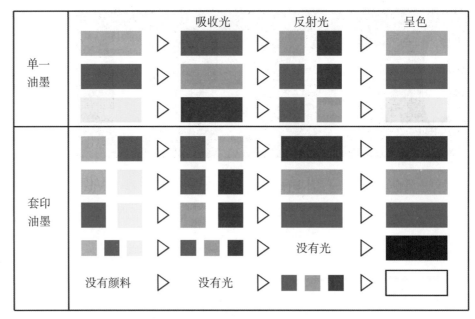

图1-76　三原色油墨呈色规律

5. 色料减色混色有何规律？

老　狼：准备好实验用材料：

　　　　水粉纸：5张；

　　　　颜料：中黄、洋红（桃红）、天蓝、白和黑色颜料各一瓶；

　　　　画笔：狼毫画笔一套。

　　　　练习一：纯色与消色混合呈色规律

　　　　按图1-77和图1-78所示，分别用品红、青和黄原色与白色（黑色）颜料混合后涂色，并进行对比总结（图中百分数表示白色和黑色颜料所占的百分比）。

马大哈：通过调色图可以看出，纯色与白色混合，颜色变浅，且白色量越大，颜色越浅；纯色与黑色混合，颜色变暗，且黑色量越大，颜色越暗。

　　　　练习二：两原色间的混色规律

　　　　1. 两原色间等量混合呈色规律

老　狼：按图1-79所示，进行色块涂色。

马大哈：按图1-79进行两原色等量混合时，分别调出绿色、红色和蓝色，且颜色比原来单一原色要暗一些。

老　狼：调出来的绿、红、蓝要暗一些，是因为减色的作用。我们把两原色间等量调出的三个颜色称为典型的间色，也称为二次色。

马大哈：当两原色间不等量混合时，所调出的颜色又会怎么变化？

　　　　2. 两原色间不等量混合呈色规律

老　狼：我们按图1-80进行色块涂色。（注：用颜色深浅来示意量的大小）

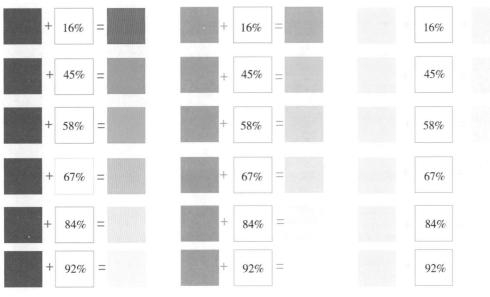

图 1-77　纯色与白色混合调色

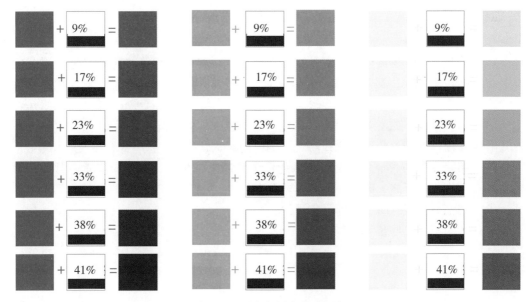

图 1-78　纯色与黑色混合调色

图 1-79　两原色等量混合调色

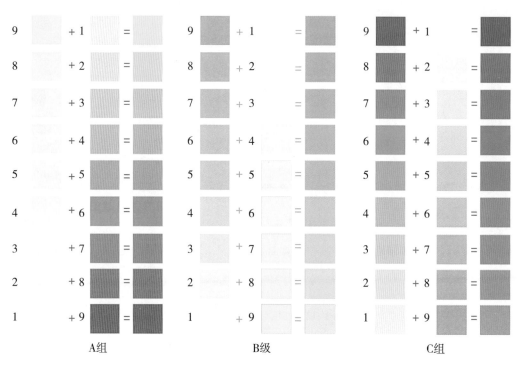

图 1-80　两原色不等量混合调色

图1-80A组是黄与品红混色：当黄色量与品红色量相等时得到红色；当黄色量越来越大，品红色量越来越少时，颜色向橙红、橙、橙黄、黄变化；当黄越来越少，品红越来越多时，颜色向深红、洋红、桃红变化。图1-80B组是青与黄混色：二者等量时得到绿色；当青越来越多，黄越来越少时，颜色向绿、翠绿、深绿、青绿变化；反之，颜色向草绿、黄绿、淡黄绿色变化。图1-80C组是品红与青混色：品红越来越多，青越来越少时，颜色向蓝紫、紫红、水红变化；反之，向蓝、蓝紫、青蓝变化。

马大哈：当三原色混合时又有何呈色规律？

练习三：三原色间的混色规律

1．三原色等量混合呈色规律

老　狼：三原色间混合出的颜色，称为复色，我们先按三原色等量混合进行色块涂色，如图1-81所示。

马大哈：从涂色实验可以看出：当三原色等量混合时呈现出不同深浅的消色，且各原色量用的越多，

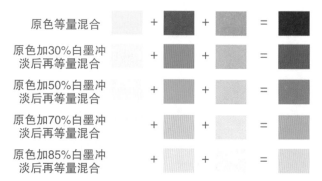

图 1-81　三原色等量混合呈色

调出的颜色越暗，但是基本上没有色相，色块只有明暗变化。当三原色不等量混合时，其呈色又有何变化？

2.　三原色不等量混合呈色规律

老　狼：我们再按图1-82做调色实验，从实验调出色块的颜色可以看出：当三原色按不等量进行混色时，三原色等量部分构成消色成分，即黑色，而其余一种或两种原色混合调出混合色的色相，其色相偏向于比例大的原色，也就是说参与混合的比例最小的原色，不影响混合复色的色相，只起到降低明度和饷和度的作用。或者说参与混色的三原色中比例最小的原色，只参与构成黑色。因此，可以认为复色是由原色或间色加一定量的黑色构成。

马大哈：可以按图1-83分析三原色按不同比例混色吗？

老　狼：上述图示分析正确，以最小墨量为基础混合呈现黑色，中间墨量构成色偏，最大墨量主导最后混色的色相。

老　狼：你的分析很正确。

马大哈：在色料的调配中，有没有两种色料相混合，就能调出黑色？

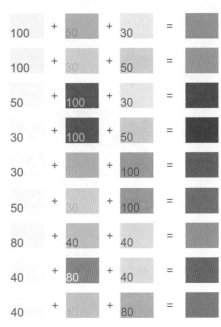

图1-82　三原色不等量混合呈色

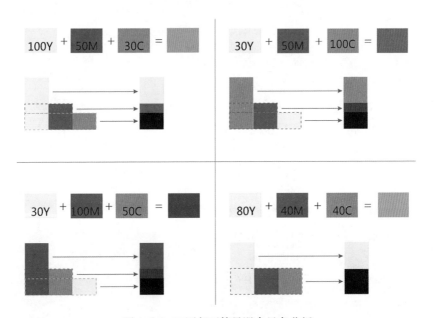

图1-83　三原色不等量混合呈色分析

练习四：色料互补色混色规律

老　狼：有的，按图1-84所示，分别取等量的黄与蓝、品红与绿、青与红色料相混合，就能调出黑色。

图1-84　色料互补色等量混合呈色

我们把两种色料混合能呈现黑色，则此两种色料互为补色。比较典型的色料互补色有三对，分别是：蓝（B）-黄（Y）、红（R）-青（C）、绿（G）-品红（M）。

马大哈：色料互补色不等量混合时，其颜色会怎样变化？还有其他颜色也是互补关系？

老　狼：色料互补色不等量混合时，调出的颜色其色相偏向于量多的一方，如2份的青与1份的红混合，调出的颜色就呈暗青色（橄榄色）了，如图1-85所示。

图1-85　色料互补色不等量混合呈色

老　狼：色料互补色有很多，为便于理解，用印刷十二色相环给予形象说明，即如图1-86所示，通过圆心两端的颜色为即互补色。图中只给出了十二个颜色，其实这只是一个代表，实际上这个色环的颜色是浅变的，有无数个，只要穿过圆心的两端的颜色，都是互补色。

马大哈：色料互补色规律有无应用价值？

6. 色料互补色律的应用

老　狼：色料互补色规律的应用十分广泛，如在调墨时发现所调的专色偏色时，可以加入少量互补色纠正色偏。如墨色

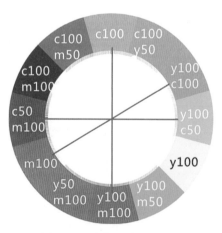

图1-86　色相环中的互补色

偏品红时，可加入适量的绿色墨；墨色偏青色时，可加入少量的红色墨；偏黄色时，可加入少量的蓝色墨。还有画家绘画时，有时需要使某处色彩更暗淡，在该处涂上适量的补色可获得比涂黑更加生动的效果，如图1-87所示。

调墨时用补色纠正色偏　　　　　　　　　　加补色涂黑更生动

图 1-87　色料互补色律应用

老　狼：在颜色设计时，互补色的对比应用会使对比着的双方更加鲜明和醒目。如黄与蓝、青与红、绿与品红色间的配色，就能起到相互突出的效果，如图1-88所示。

老　狼：还有印刷剩余油墨收集起来混合后不能产生理想的黑色时，可加入少量的所偏色的补色墨调成黑色墨，用于书刊印刷，可节省油墨。此外，还可帮助我们分析分色和打样稿的颜色状况，如某色的彩度不高，颜色暗淡，往往就是其补色过量所致，就应降低补色墨量。

图 1-88　设计中互补色律的应用

马大哈：您讲了色料补色律应用的这么多好处，难道就没有负面影响吗？

老　狼：任何事物都具有两面性，补色间的影响也是如此。比如在调配鲜艳的彩色油墨时，如果调墨刀或调墨台等物件没有擦干净，残留有其补色时，会使所调的专色墨变得灰暗，颜色发脏。印刷过程中换墨时，如果墨辊上留有余墨，同样会使下一色印刷，尤其是补色的印刷产生颜色混浊的弊病，这些都是要避免的。

马大哈：在实际印刷生产中，为了调出一种专色油墨，是否可以使用不同种类的油墨进行调配？

　　　　练习五：色料减色代替律

老　狼：按图1-89所示进行颜色调配：

通过按图1-89中的比例进行配色，发现A组配色：4份品红+1份青+1份黄=暗品红（枣红），与3份品红+1份黑=暗品红（枣红）调出的颜色效果相同；

B组配色：4份青+1份黄+1份品红=暗青（橄榄色），与3份青+1份黑=暗青（橄榄色）效果相同；当出现这种情况时，就可以相互代替使用。

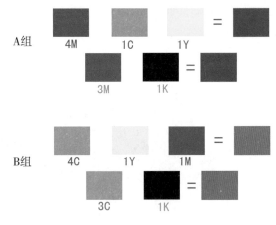

图1-89　色料减色代替律

马大哈：也就是说：两种成分不同的颜色，只要视觉效果相同，就可相互代替，这个规律就叫色料减色代替律。

7．色料减色代替律的应用

老　狼：是的，在实际印刷生产中，由于各印刷厂购进的油墨种类不同，在调配某一专色时，可以充分利用色料减色代替律，采用不同的配比，进行专色调配。当然了选用最少种类的油墨、最简单、最省成本的配比是最好的，要做到这点，必须充分理解和掌握色料减色法及规律，因此，全面理解和掌握本任务的学习内容十分重要。

知识归纳

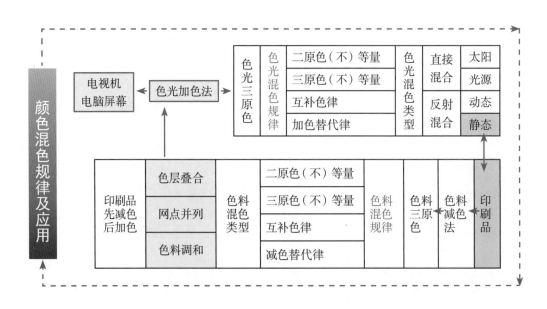

学习评价

自我评价
是否真正理解了色光加色混色规律和色料减色混色规律？　　　　□ 是　　□ 否
能正确运用色料互补色律吗？　　　　　　　　　　　　　　　　□ 能　　□ 否

小组评价
是否掌握了色料减色混色规律？能利用减色规律调色吗？　　　　□ 是　　□ 否；
　　　　　　　　　　　　　　　　　　　　　　　　　　　　　□ 能　　□ 否
是否理解了色光加色混色规律？会利用加色代替律吗？　　　　　□ 是　　□ 否；
　　　　　　　　　　　　　　　　　　　　　　　　　　　　　□ 会　　□ 否
能利用色料减色代替律进行调色吗？　　　　　　　　　　　　　□ 能　　□ 否

学习拓展

在网络上查找印刷生产中使用减色法原理调配专色及其他应用的案例
在网络上查找色光加色法在印刷生产中的应用案例

训练区

一、知识训练
（一）填空题
1. 色光三原色是_____、_____、_____，分别用字母_____、_____和_____表示。
2. 色料三原色是_____、_____、_____，分别用字母_____、_____和_____表示。
3. 色光相混时，颜色越加越_____，色料混色时，颜色越加越_____。
4. 色料两原色相混时，得到_____色。色料三原色相混时，得到_____色。
5. 两色光相混呈白色光，则二者互为_____色；两色料相混呈黑色，则二者互为_____色。
6. 外貌相同的色光，无论光谱组成是否一样，在颜色混合中均可以相互_____。

（二）单选题
1. 光源的光色和太阳光呈现的颜色，是色光（　　　）混合的结果。
　　（A）直接　　　　　　（B）反射　　　　　　（C）并列　　　　　　（D）重叠
2. 印刷加网呈色充分利用了（　　　）原理。
　　（A）人眼的视觉空间混合原理　　　　　（B）网点重叠
　　（C）色光加色　　　　　　　　　　　　（D）互补色
3. 色料M+C混色时，如果M的量大于C墨量，则混出的颜色偏向于（　　　）。

（A）C　　　　　　（B）M　　　　　　（C）G　　　　　　（D）Y

4．混合色光的总亮度总是（　　　）组成混合色的各色光亮度的总和。

（A）小于　　　　　（B）大于　　　　　（C）小于或等于　　　（D）等于

5．不属于加色法混合的是（　　　）。

（A）投影　　　　　（B）三色油墨叠印　（C）颜色转盘　　　（D）彩色显示器

6．色料混合中，等量的Y+C=（　　　）。

（A）G　　　　　　（B）B　　　　　　（C）K　　　　　　（D）R

（三）多选题

1．色光加色混合应用于（　　　）。

（A）电视机　　　　（B）电脑显示器　　（C）投影仪　　　　（D）印刷叠印

2．在油墨调色过程中，某一颜色由2Y+C+M调出，其也可选（　　　）代替。

（A）Y+K　　　　　（B）B+2Y　　　　　（C）Y+G+M　　　　（D）Y+M

3．色料互补色律可用于（　　　）。

（A）偏色校正　　　　　　　　　　　　（B）画家绘画涂黑

（C）剩余油墨收集变黑　　　　　　　　（D）分析样稿颜色

4．色料减色法的类型有（　　　）。

（A）透明色层叠合　（B）色料调和　　　（C）网点并列　　　（D）投影

（四）判断题（在题后括号内正确的打√，错误的打×）

1．色光加色混合时，参与混合的色光种类越多，所混出的颜色越暗。（　　　）

2．色料减色混合时，参与混合的色料种类越多，所混出的颜色越亮。（　　　）

3．油墨厂生产的油墨只有黄、品红、青和黑四种。（　　　）

4．在印刷专色时，按色料减色代替律，调配某一颜色时可采用几种组合。（　　　）

5．色料互补色只有R-C、G-M、B-Y三对。（　　　）

6．在色料调色时，用最少种类色料调出所需颜色，其颜色最鲜艳。（　　　）

7．颜料是分散型呈色物质、染料是溶解型呈色物质。（　　　）

8．利用色光代替律可组合所需光源，利用色料减色代替律可调出所需专色。（　　　）

（五）名词解释

1．色光加色法；2．色料减色法；3．色光代替律；4．色料减色代替律；5．色光互补色；
6．色料互补色。

二、能力训练

1．仔细观察下面色块，将色料的原色、间色和复色找出来进行标注。并说明各色块包含有哪几种原色？

2．看下图，请理解红花还需绿叶衬的含义，并说明运用了颜色的什么效应？

3．根据色料的混色规律，请将下图左边色料的混合形式与右边色料的结果用线条连接起来。

4．根据色料的互补关系，请将下图补充完整。

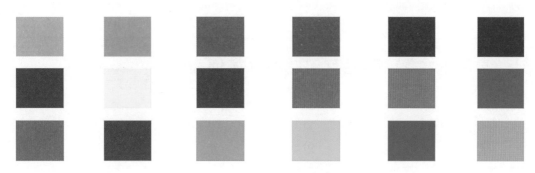

情境 1– 任务 2 能力训练 1

情境 1– 任务 2 能力训练 2

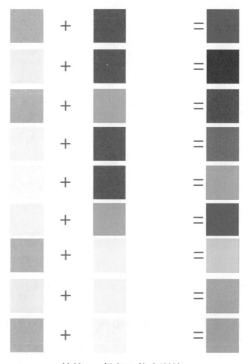

情境 1– 任务 2 能力训练 3

三、课后活动

请每一位同学写出你对色料减色代替律与色料互补色律在今后工作应用中的设想。

四、职业活动

观察并分析日常生活中所喝的可口可乐、冰红茶、矿泉水标签的颜色，从网络上查找在印刷生产中，色料减色代替与互补色律应用的相关资料。

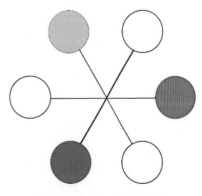

情境 1– 任务 2 能力训练 4

学习情境 2　颜色有何属性、如何表示

学 习 目 标

完成本学习情境后，你能实现下述目标：

知识目标

1. 能解释颜色三个属性。
2. 能说出常用的习惯命名规则。
3. 能概述分光光度曲线与 CIE 标准色度系统表色法。
4. 能说出 RGB、CMYK、HSB 和 Lab 颜色立体的构成。
5. 能概述印刷色谱与 Pantone 色卡的构成及作用。
6. 能说出孟赛尔颜色立体的结构与内容。

能力目标

1. 能正确识别颜色的色相、明度与饱和度。
2. 能运用颜色的习惯命名。
3. 能识别分光光度曲线所表示的颜色属性。
4. 能测量三刺激值。
5. 能在 RGB、CMYK、HSB 颜色空间中设定颜色。
6. 能利用 Lab 颜色空间设定颜色并比较色差
7. 能标出印刷色谱中任一色块的颜色构成网点数据
8. 能标定和查找孟赛尔色册中的颜色。

建议 12 学时完成本学习情境

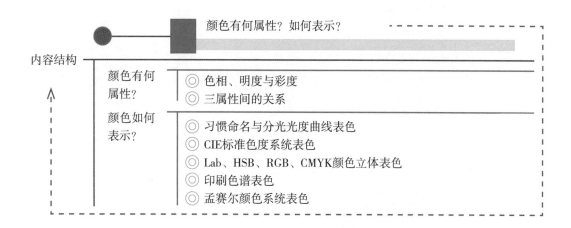

学习任务 1　颜色有何属性

（建议 4 学时）

学习任务描述

　　自然界的颜色千变万化，但每一个颜色都有具体的、唯一的属性，只要识别了颜色的属性，就能区别自然界的不同颜色。本任务通过形象直观的图片展示，在理论学习与实践体验相结合的过程中，去识别颜色的三个基本属性，掌握颜色三个属性各自的特点及相互间的关系。

　　重点：色相、明度与饱和度。

　　难点：三属性相互间的关系

引导问题

1. 颜色有哪三个基本属性？
2. 色相代表颜色的什么？
3. 明度代表颜色的什么？
4. 饱和度代表颜色的什么？
5. 色相与明度是何种关系？色相与彩度是何种关系？明度与彩度是何种关系？

马大哈：当我们远离城市的喧嚣，漫步田园，呼吸着新鲜的空气，观赏着火红的石榴、泛黄的麦浪、青翠的棉苗，还有那轻盈翻飞的蝴蝶时，是多么的心旷神怡。在我们生活的周围，物体的色彩千差万别，对一个具体的物体而言，怎样去识别它们的颜色呢？

老　狼：要识别物体的颜色，首先要认识颜色的基本属性。

马大哈：颜色有哪些基本属性？

一、色相是什么

老　狼：颜色有三个基本属性，分别是"色相、明度和饱和度"。

色相（Hue）：指颜色的外观相貌，是颜色的主要特征，也是色与色之间的主要区别，也称作色调或色别，如图2-1所示。

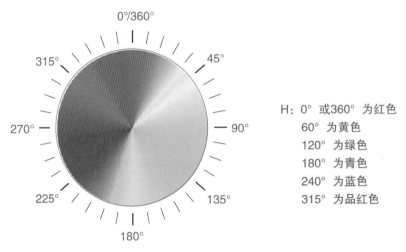

H：0°或360° 为红色
　　60° 为黄色
　　120° 为绿色
　　180° 为青色
　　240° 为蓝色
　　315° 为品红色

图2-1　颜色的色相

图2-1中色盘的每一个角度对应一个确定的色相。通常人们所说的红、橙、黄、绿、青、蓝紫就是颜色的色相。印刷业常用的色相环，如图2-2所示，就是对色相的一个形象而简明的表示。

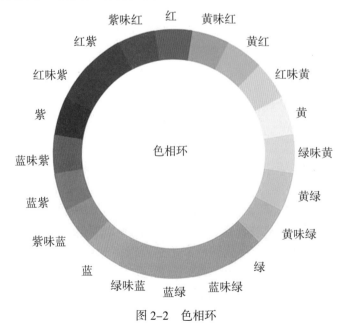

图2-2　色相环

马大哈：人眼对色相的辨别能力怎样呢？

老　狼：研究人员通过实验发现，正常人眼能分辨180多种色相，其中包括150种光谱色和30多种谱外色。但是人眼对不同色相的敏感度是不一样的，一般正常视觉的人眼对494nm的青绿色光和585nm的橙黄色光最敏感，而对光谱两端的红光（655nm～780nm）和紫光（380nm～430nm）最迟钝。因此在印刷复制时，对敏感色相的复制就得小心了，因为稍有误差人的视觉就能觉察到，而对于不甚敏感的色相复制则可相对放宽要求，便于用最小的投入做出最好的产品。

马大哈：颜色的明度又是指的什么呢？

二、明度是什么

老　狼：明度（Lightness）：是表示颜色明暗程度的特征量，是颜色的骨骼，也称为主观亮度或明暗度。黑色：明度最低为0，白色：明度最高为100。图2-3、图2-4a、图2-4b和图2-5分别是消色和彩色的明度变化示意图。

（从左向右：明度变大）

图2-3　消色明度变化

从图中可看出不同颜色的明度是不同的，这是因为明度是由其颜色对光的反射率而定的，反射率大，明度高，反之，明度低。研究人员通过测试得出各色光谱的相对明度值如表2-1所示：

（从左向右：明度变小）

图 2-4a　同色相明度变化

图 2-4b　异色相明度变化

表 2-1 明度对比

彩色	黄	橙	黄绿	青绿	青	红	蓝	紫
明度值	100	78.9	69.85	30.33	11.0	4.95	0.80	0
消色	白	白灰	浅灰	中灰	深灰	暗灰	黑灰	黑

马大哈： 同一个颜色，我发现放在暗处与放在亮外所看到的鲜艳程度不同，这说明明度对颜色的鲜艳程度有影响？

老　狼： 明度对颜色的鲜艳程度影响是很大的，只有在明度适中时，颜色的鲜艳度才最高，若加入白色成分，明度增加，鲜艳度下降；若加入黑色成分，明度下降，鲜艳度也下降。如图2-5所示：

图 2-5　明度变化与鲜艳度变化

马大哈： 人眼对不同的明度其敏感性有无区别？

老　狼： 人眼能分辨600多种明暗层次，亮度有1%的变化，人眼都能觉察到。但只有在亮度适中时，人眼的分辨力才最佳，太亮或太暗，人眼分辨明度的准确性都会降低。

马大哈： 针对人眼对不同明度敏感性不同这一特点，对于印刷复制而言，需要注意什么？

老　狼： 由于人眼在太亮或太暗时对明度都不太敏感，因此，在制版时可以将高、低调层次适当拉开些，而对中间调层次尽可能保持不变，如图2-6所示。

图 2-6　合理利用人眼对明度敏感性调整阶调

同时要避免背景色对所观察颜色明度的影响，如图2-7中所示，同一明度的颜色在不同背景下其呈现的颜色效果是不一样的。

其次在加网印刷产品中，明度是通过网点的大小表现出来的，如图2-8所示：着墨网点面积越大，颜色越深，明度越低，反之则明度越高。

马大哈： 明度这一特点对印刷调墨有何作用？

图 2-7 不同背景明度的影响

图 2-8 印刷网点与明度关系

老　狼：在印刷调墨时，要使颜色变浅，明度升高，可加入适量冲淡剂，如欲使墨色
　　　　变深，明度降低，一般可采取两种方法，一种是加黑墨，但易使墨色显得脏，
　　　　故不常用。另一种方法是加入该色的补色墨，即色相环中与该颜色相对的颜
　　　　色墨，此种方法效果更好。

马大哈：颜色的彩度是什么？

三、彩度（饱和度）是什么

老　狼：颜色的彩度（Chroma）（又称饱和度或纯度）：指的是颜色的鲜艳程度，也是
　　　　彩色与同明度无彩色差别的程度，是颜色的内在品质。

马大哈：颜色的彩度有何特点？

老　狼：如果颜色越鲜艳，那么其彩度就越大，在所有颜色中，光谱色彩度最大，消
　　　　色的彩度为零。如果向彩色中加入无彩色成分，其彩度会降低。如向红色油
　　　　墨中加入白色墨或黑色墨，其彩度都会降低。如图2-9所示：

马大哈：人眼对彩度的辨别能力怎样呢？

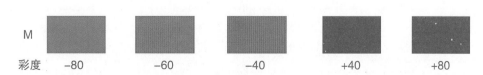

图 2-9 同色相不同彩度

老　狼：人眼对光谱色两端的颜色即红色和紫色区域的彩度较敏感，尤其是红色最敏感，可以区分25级，而对黄色的彩度最迟钝，只能分辨4级。如白纸上印黄色文字是很难看清楚的。一方面是因为黄色与白纸的明度较接近，另一方面是人眼对黄色的彩度不敏感所致。如图2-10所示：

白纸印红字，人眼最敏感

图 2-10　彩度敏感性不同

马大哈：针对人眼对彩度的这一特性，印刷生产时需要注意什么问题？

老　狼：印刷时，如果先印黄版，对检查墨色的深浅会带来较大困难，为避免这种弊端，在印刷过程中应经常用密度计测量黄墨的实地密度，尽量将其控制在标准的允许范围之内，如果没有密度计测试条件，只好改变先印黄版的传统色序了。

马大哈：在实际印刷生产中，影响分辨物体颜色彩度的因素有哪些？

老　狼：影响的主要因素是彩色物体表面的光滑度。如图2-11所示。

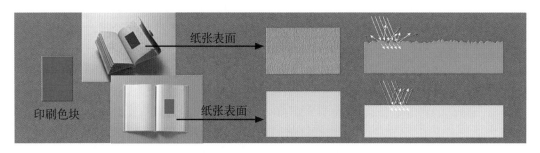

图 2-11　承印物表面粗糙度不同彩度不同

大多数彩色物体的表面除了选择性地吸收和反射颜色光外，还存在着表面反射即镜面反射现象，而镜反射是非选择性的，即反射出的光是白光。当表面光滑时，镜面反射的白光是单向的，如果对着反射的白光看物体时会觉得刺眼，但只要避开这个角度从其他方向观察，就不会影响到物体的彩度。但表面粗糙的物体，光的表面反射是漫反射，从任何角度观察都难以避开这种多向漫反射的白光，从而冲淡了颜色的彩度，因此粗糙表面的彩色物体其彩度会降低。如铜版纸印出的产品比新闻纸印出的产品的颜色要鲜艳得多，就是这个道理。在印后加工中上光或覆膜，目的之一就是为了增加印品表面的光滑度，从而增大颜色的彩度，使产品的外观更加鲜艳夺目。

马大哈：看来充分认识颜色三属性的内涵，对高质量地进行印刷颜色复制很有意义。那么颜色三属性间有无相互关系？

四、颜色三属性间有何关系

老　狼：颜色三属性间的相互关系可用图2-12心理
颜色立体表示，其颜色立体的中央纵轴表
示颜色的明度，上白下黑，中间是一系列
的中性灰色，分为不同的明度等级，称为
明度轴。水平剖面的圆周上不同位置处表
示不同的色相，称为色相环，色相环的中
心是无彩色的灰色，各级灰色的明度同色
相环上各种色相的明度相同。圆环的半径
轴表示彩度，圆心处的彩度为零，圆环外
端处彩度最大，即从圆心向外彩度逐渐增
大。任何一种颜色都可在立体中找到准确
的位置。图2-12中可看出当三个坐标中的
一个坐标发生变化时，另外两个坐标会相
应变化。这说明颜色三属性既有独立性，
又互相联系、互相制约。从图2-12可以简
单地归纳三属性间的关系如下：

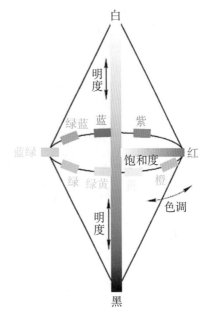

图 2-12　颜色三属性关系

1. 色相与明度的关系

同色相：含白色成分多时，明度高；含黑色成分多时，明度低。

不同色相：明度从大到小的排列是：白、黄、橙、绿、青、红、蓝、紫、黑。
如图2-13所示。

白色成分多、明度高；黑色成分多、明度低

不同色相：明度依次降低

图 2-13　色相与明度间关系

2. 色相与彩度的关系

老　狼：光谱色的彩度最大，但光谱色中的红色、蓝色和紫色彩度很大；而黄色的彩
度很小，青色、绿色彩度居中。如图2-14所示。

3. 明度与彩度的关系

老　狼：同一色相，明度的变化会引起彩度的变化，明度适中时，彩度最大，当明度
升高或降低时，彩度都会降低。如向同一颜色中加入白色或黑色成分时，彩

度都会下降。如图2-15所示。

马大哈： 通过这一模块的学习，我明白了任何一种颜色，只要确定了其色相、明度与彩度，这个颜色就是唯一的。但是消色有三个属性吗？

老　狼： 你是一个善于思考的人，消色因为是无彩色，所以没有色相与彩度，只有明暗大小之别，因此，消色只有明度属性。这是颜色中的特例，除此之外的颜色都具有三个属性。

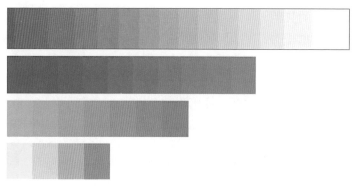

图 2-14　色相与彩度间关系

图 2-15　明度与彩度间关系

知识归纳

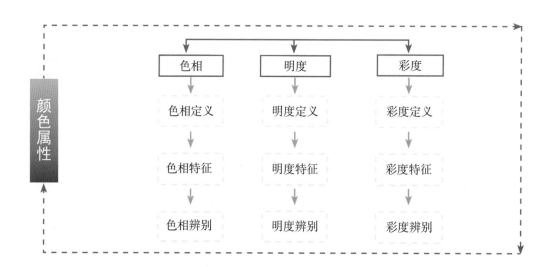

学习评价

自我评价

是否真正理解了色相、明度与彩度的内涵?　　　　　　　　□ 是　　□ 否

能区分颜色的色相、明度与彩度吗?　　　　　　　　　　　□ 能　　□ 否

小组评价

是否掌握了颜色的色相、明度与彩度特征?　　　　　　　　□ 是　　□ 否

是否理解了色相、明度与彩度相互间的关系?　　　　　　　□ 是　　□ 否

学习拓展

在网络上查找颜色三属性的特征及相互关系,以及合理应用的案例

训练区

一、知识训练

(一)填空题

1. 色相是颜色的_____、明度是颜色的_____、彩度是颜色的_____。

2. 暗红色的衬衣表述中,"红"表示_____、"暗"表示_____。

3. 鲜艳的五星红旗描述中,"鲜艳"表示_____。

4. 颜色三属性既相互_____又相互_____。

5. 明度适中时,颜色的彩度最_____。

(二)单选题

1. 在心理颜色立体中,饱和度最高的颜色位于(　　　)。

　　(A)圆周　　　　(B)圆中心　　　　(C)立体的两个端点　　　(D)都不是

2. 在心理颜色立体中,色相相同的所有颜色位于(　　　)上。

　　(A)水平面　　　(B)圆心到圆周的射线

　　(C)由明度轴到色相环某点构成的三角形垂直面

　　(D)都不是

3. 人眼对(　　　)色的彩度最敏感,可以分辨24级。

　　(A)红　　　　　(B)黄　　　　　(C)绿　　　　　　　(D)蓝

4. 人眼对(　　　)色的彩度最迟钝,只能分辨4级。

　　(A)红　　　　　(B)黄　　　　　(C)青　　　　　　　(D)蓝

5. 人眼对(　　　)光的色相最敏感。

　　(A)红光和紫光　　　　　　　　　(B)青绿光和橙黄光

　　(C)绿光　　　　　　　　　　　　(D)品红光

（三）判断题（在题后括号内正确的打√，错误的打×）

1. 消色系也有色相、明度与饱和度。（　　）

2. 颜色越暗，其彩度越小。（　　）

3. 明度适中时，颜色的彩度最大。（　　）

4. 往某一颜料中加入白色颜料，其明度增大，彩度也增大。（　　）

5. 往某一颜料中加入黑色颜料，其明度降低，但彩度增大。（　　）

6. 人眼在太暗与太亮时对颜色明度不敏感，在制版时可适当拉开高、低调层次。

（　　）

（四）名词解释

1. 色相；2. 明度；3. 彩度。

二、能力训练

1. 比较下列每组颜色，说明它们之间颜色三属性的差异？

情境 2– 任务 1 能力训练 1

2. 在计算机中或用颜料与画笔完成下图中颜色三属性的推移训练。

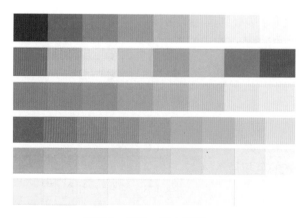

情境 2– 任务 1 能力训练 2

3. 在计算机中或用颜料与画笔完成下图中颜色的推移训练，培养对颜色的敏锐性。

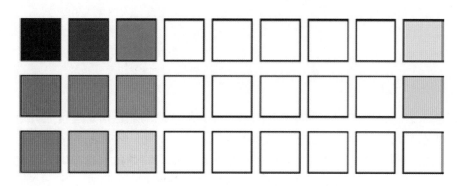

情境 2- 任务 1 能力训练 3

4. 仔细观察下图中的颜色变化，体会色彩明度与彩度的变化规律。

情境 2- 任务 1 能力训练 4

三、课后活动

　　请每一位同学举例说明你对颜色三属性相互关系的理解。

四、职业活动

　　观察分析日常生活中所接触到的印刷品，使用颜色三属性的情况，并收集一些有特色的印刷品。

学习任务 2　颜色如何表示

（建议 8 学时）

学习任务描述

彩色印刷品的生产，需要客户与印刷企业针对产品的颜色信息进行充分地沟通与交流；印刷公司内部的生产、管理和营销人员，也要对每一件产品的颜色状况进行沟通，达成控制颜色的一致意见，确保高质量生产。如何将颜色信息准确有效地表示出来，便于人们识别、比较和评价颜色，是颜色复制领域的一个重要工作。本任务通过形象直观的图片展示，理论与实践紧密结合的学习与体验，认识颜色的习惯命名法和CIE色度系统表色法，学会识别和运用分光光度曲线表色法，RGB、CMYK、HSB及LAB颜色立体表色法、印刷色谱、Pantone表色法以及孟赛尔颜色表色系统。

重点：RGB、CMYK、Lab、印刷色谱与Pantone表色法。

难点：CIE色度系统表色法

引导问题

1. 颜色的习惯命名法有几种类别？

2. 分光光度曲线如何表示颜色三属性？

3. CIE色度系统由哪两部分构成？三刺激值指的是什么？

4. RGB、CMYK、HSB与Lab颜色立体表色法中，其字母分别代表什么？取值范围是多少？每种颜色立体与设备是什么关系？

5. 你能利用计算机任意设定RGB、CMYK、HSB和Lab颜色空间中的颜色吗？

6. 你能识别印刷色谱和pantone色卡中任一色块的颜色构成吗？

7. 孟赛尔颜色立体是怎样构成的？你能在孟赛尔色册中寻找和标定任一色块吗？

马大哈：人离不开颜色，不管是衣、食、住、行，还是学习和工作，总或多或少地涉及到颜色。比如吃饭讲究色、香、味俱全，买件衣服首先考虑的也是颜色，其次才是面料和款式。在人们谈论颜色好不好看时，更想知道颜色是怎样表示的。

老　狼：为了便于人们对颜色信息进行沟通和交流，研究人员通过大量的实验研究和总结，形成了一些科学、实用和有效地表示颜色的方法。

一、习惯命名表色法

老　狼：在生活中最通俗和常用的颜色表示法是习惯命名法，习惯命名法是用人们熟悉的事或物来命名颜色的一种方法。分为以下三种类别：

① 以植物颜色命名：如草绿、棕色、麦秆黄、橘黄、杏仁黄、枣红、橄榄绿、柠木黄等，如图2-16所示。

图 2-16　植物颜色命名

老　狼：② 以动物颜色命名：如孔雀蓝、鹅黄、鸭蛋青、乳白、象牙白、鱼肚白、驼色、鼠灰色等，如图2-17所示。

图 2-17　动物颜色命名

③ 以自然界其他物质颜色命名。如蓝天、水绿、土黄、月白、金黄、银灰、铁灰、雪白等，如图2-18所示。

图 2-18　自然界其他物质颜色命名

马大哈：这种命名法很好记忆，生活中的每个人都在自觉或不自觉地使用。

老　狼：是的，习惯命名法只是对颜色的一种定性描述，其特点是简便、深动、形象，但不精确，有局限性，只适合一般的生活用色。对于要求精确复制的彩色印刷业，此种表色法是不适用的。

马大哈：什么方法能对颜色进行精确地描述呢？

二、分光光度曲线表色法

老　狼：分光光度曲线表色法是一种精确描述颜色的方法。

马大哈：分光光度曲线是什么？它是怎么样表示颜色的呢？

老　狼：分光光度曲线是表示物体反射或透射各个波长光辐射能力的曲线，如图2-19所示。

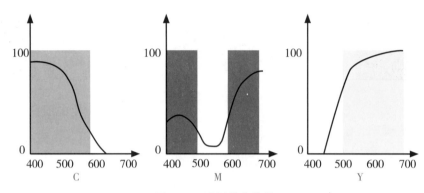

图 2-19　油墨分光曲线

图2-19中纵坐标表示油墨的反射率，横坐标表示波长，彩色表示理想油墨的反射曲线，白色曲线为实际油墨的反射曲线。从图2-19中可以看出曲线不同，其颜色就不同。因此这种以分光光度曲线来表示颜色特性的方法，就称为分光光度曲线表色法，又称为光谱表色法。

马大哈：具体来说怎样表示颜色呢？

老　狼：它按照颜色的三属性分别表示。即用曲线的峰值对应的波长来表示色相，如图2-20所示。

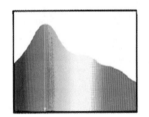 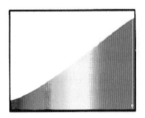

左边曲线峰值对应蓝色波长，呈蓝色；右边曲线峰值对应红色波长，呈红色。

图 2-20　色相表示

明度由曲线的高低来表示，如图2-21所示。

彩度以分光光度曲线波峰与波谷之差来表示，如图2-22所示。

马大哈：在学习颜色三属性时，您说消色无彩度，可否用分光光度曲线解释？

老　狼：好的，图2-23是消色的分光光度曲线，从图中可看出分光光度曲线变成了一条直线，其波峰与波谷重叠，波峰与波谷之差为零，因此彩度为零。

马大哈：分光光度曲线表示颜色有何特点？

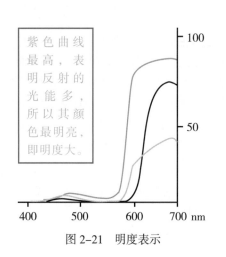

图 2-21 明度表示

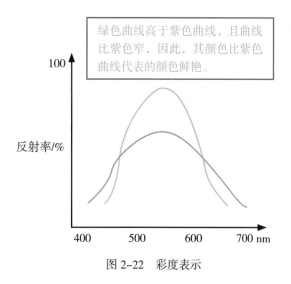

图 2-22 彩度表示

老　狼：分光光度曲线可精确地描述物体颜色
的属性，每一条曲线表示一种颜色，
我们可以根据曲线的峰值、宽窄和高
低判断其颜色状况，但不直观，且要
借助仪器才能完成。一般用于科学研
究和对颜色复制要求非常高的需求。
如现在用于印刷品颜色质量控制及色
彩管理的分光光度计就具有测量印品
颜色分光光度曲线的功能，很多油墨
厂家对每种油墨也进行分光光度曲线
的测定，并印刷在油墨销售手册上，以宣传其油墨。

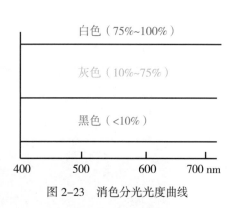

图 2-23 消色分光光度曲线

马大哈：现在有没有一个在世界范围内通用的、准确地表示颜色的最基本的系统呢?

老　狼：有的，CIE1931标准色度系统是由国际照明委员会研制并推荐的一套表色系
统，是用特定的符号，按一系列规定和定义表示颜色的系统。这种表色系统
是国际通用的表色、测色标准，也是我国国家标准局1983年正式推行的颜色
表示方法的基础。

马大哈：它是怎样表示颜色?

三、CIE1931标准色度系统表色法

老　狼：CIE1931标准色度系统简称为XYZ色度系统，是指在2°视场角下通过对标准
观察者进行颜色匹配测试后所建立的一套表色系统。它包括一系列数据（光
谱三刺激值）和一张色度图。

马大哈：什么是光谱三刺激值？

1．光谱三刺激值是什么？

老　狼：要搞清楚光谱三刺激值，首先要理解什么是颜色匹配，如图2-24所示颜色匹配实验。图中上端是三个投影仪，分别投射红、绿、蓝三原色光并重叠地显示在白色屏幕上，屏幕下端是待测光源直接投射到屏幕上的色光，人眼通过观测孔隙同时观看屏幕上下两端的颜色。当改变红、绿、蓝三个投影仪的光强度时，人眼所看到的屏幕上端色光的颜色就会相应地改变，直到与屏幕下端的颜色相同，这就是色光的匹配实验。这种匹配是一种视觉上一样，而光谱组成却不一样的匹配，即"同色异谱"的颜色配对。国际照明委员会（CIE）根据科学家莱特和吉尔德选择的1000名色觉正常者，在2°视场角范围内匹配等能光谱色的各种颜色得到的平均数据即匹配等能光谱色所需的三原色光（R：红、G：绿、B：蓝光）的数据就叫做1931CIE-RGB系统标准色度观察者光谱三刺激值，以$\bar{R}$、$\bar{G}$、$\bar{B}$表示。以此来代表人眼的平均颜色视觉特性，以便标定颜色和进行色度计算。要注意的是使用的三原色光的波长分别是700nm（红原色）、546.1nm（绿原色）、435.8nm（蓝原色）。按此数据所绘得的光谱三刺激值曲线如图2-25所示。

从图2-25中可看出，在标定光谱色时原色的三刺激值出现了负值，为了方便计算，经过数学变换处理后消除了负值，新的数据X、Y、Z定名为CIE1931标准色度观察者光谱三刺激值，其中X代表红原色数量、Y代表绿原色数量、Z代表蓝原色数量。图2-26就是修正后的三刺激值曲线。

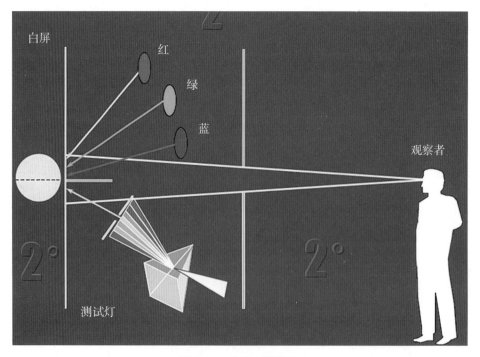

图 2-24　色光匹配实验

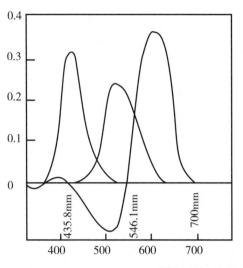

图2-25　1931CIE-RGB系统标准色度观察
者光谱三刺激值

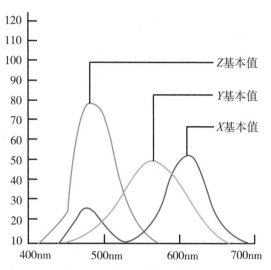

图2-26　修正后的三刺激值

马大哈：原来三刺激值还经过了消除负值处理过程，这么说来现在所用的都是由 X、Y、
　　　　Z 所表示的三刺激值了。那么CIE1931标准色度系统的另外一个内容——色度
　　　　图指的是什么呢？

　　　2. 色度图是怎样制作而成的？

老　狼：色度图是以三刺激值数据为基础，按特定的坐标公式计算出坐标值后，在直
　　　　角坐标系中描出来的一个平面图，又名色品图。其坐标计算公式如下所示：
　　　　式中小写 x、y、z 表示坐标值，大写 X、Y、Z 表示三刺激值。

$$x = \frac{\overline{X}}{\overline{X}+\overline{Y}+\overline{Z}} \quad y = \frac{\overline{Y}}{\overline{X}+\overline{Y}+\overline{Z}} \quad z = \frac{\overline{Z}}{\overline{X}+\overline{Y}+\overline{Z}}$$

图2-27就是以横坐标 x 表示红原色比例，纵坐标 y 表示绿原色比例所描绘出的色
度图。$z=1-x-y$ 表示蓝色的比例，在图中没表示出来。对于任何一个颜色只要
知道其三刺激值，就可计算出坐标值，根据坐标值就能在色度图中找到相应的
位置，知道了位置，也就明确其颜色了。图中的马蹄形轨迹分布着波长单一、
饱和度最高的各种光谱色，称为光谱轨迹。要注意的是在光谱轨迹的两端，即
400nm与700nm所连接的直线，是光谱上所没有的从紫到红的颜色，叫做紫
红轨迹，这条线上的颜色又称为谱外色。由光谱轨迹和紫红轨迹所形成的马蹄
形区域内，包括了一切物理上能够实现的颜色。凡是落在马蹄形区域以外的颜
色都是不能由真实色光混合产生的颜色。图中的 E 点为等能白光，由原色各三
分之一混合产生，也即三原色的坐标值相等处的点。C 点为CIE标准光源 C 的位
置，与中午阳光光色相同，理想的 C 点与 E 点是重合的。从 E 点向光谱两端所连
接的直线与紫红轨迹所构成的三角形是谱外色区域。在色度图中，越靠近中间
E 点，颜色的彩度越小；越靠近光谱轨迹，颜色的彩度就越大。

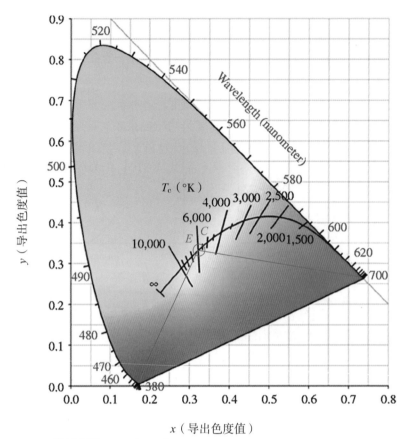

资料来源：CIE（1932）

图 2-27　色度（色品）图

马大哈：色度图是平面二维图，只表示了颜色的色相与彩度特征，其明度如何表示？

老　狼：在二维平面色度图中，明度直接用三刺激值中的 Y 值表示，如 E 点的明度是 100，则直接在 E 点旁边标上 100 即可。由于光谱三刺激值中 Y 值与人眼的明视觉光谱光效率函数值相符合，CIE 组织用 Y 值的百分数表示颜色亮度，称为亮度因素，构建了 CIE Yxy 颜色立体，如图 2-28 所示，Y 轴从中央白点 E 处垂直穿过，使二维平面色度图变为三维空间形式，由亮度因素 Y 值和色度坐标 x，y 表示的颜色空间，称为 CIE Yxy 颜色空间。

3. CIE Yxy 颜色空间

马大哈：我发现用不同的视角去观察物体时，所看到的物体的颜色会有所不同，这是为什么？

老　狼：这是因为人眼对颜色的分辨力与观察物体时视场的大小有关。实验表明：人眼用 4° 以下的小视场观察颜色时，辨别差异的能力较低。当观察视场从 2° 增大到 10° 时，颜色匹配的精度和辨别色差的能力都有所提高。但视场再进一步增大时，则颜色匹配的精度提高就不大了，如图 2-29 所示视场角。

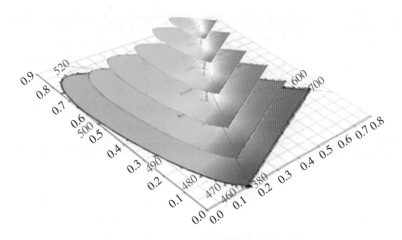

图 2-28　CIE *Yxy* 颜色空间

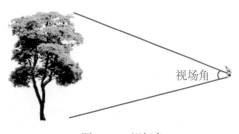

图 2-29　视场角

老　狼：前面所分析的CIE1931标准色度系统是在2°度视场角情况下的匹配实验结果。在1964年CIE又补充制定了一种10°视场的色度系统，称为CIE1964补充标准色度系统，简称为$X_{10}Y_{10}Z_{10}$色度系统。在此系统中其三刺激值测定与色度图的构建方法与2°视场角时的测定和制作方法完全相同，为区别起见，在三刺激值 $X\ Y\ Z$ 的下标加上了10，及在色度图下标明了CIE1964色度图。

马大哈：我最关心的是在彩色印刷生产的实际应用中，我们会用到CIE1931标准色度系统的那些内容？

老　狼：CIE1931标准色度系统是对颜色度量的一个最基础的研究和表示，印刷业直接用到的有三刺激值，如现在很多颜色测量仪器可直接测出颜色的三刺激值，以便于比较和控制印刷品的颜色复制质量，如图2-30所示。

图 2-30　测色仪器

老　狼：还有世界范围内普遍应用的图像处理软件Photoshop中分色与色彩模式的转换功能，也是基于三刺激值，通过数字图像处理而建立起来的，如图2-31所示。油墨颜色特性的确定就是依据所测得的三刺激值，通过程序运算而建立。

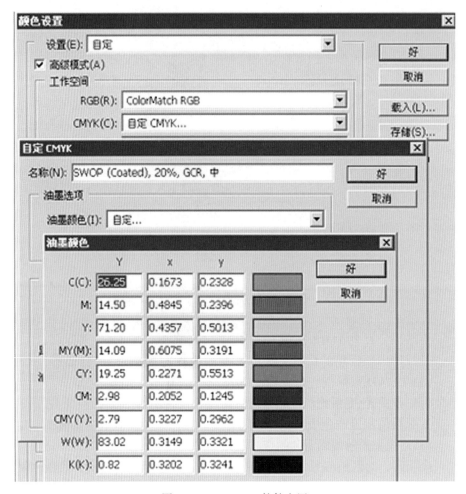

图 2-31　Photoshop 软件应用

老　狼：此外，CIE标准色度系统中的色度图便于对不同介质再现颜色的情况进行直
　　　　观地比较，CIE标准色度系统也是后来其他颜色空间建立的基础，因此，
　　　　学习其相关内容十分必要。为提升对CIE标准色度系统的理解与应用，下面
　　　　训练：

项目训练一：XYZ 三刺激值的测量与坐标值计算

1. 目的：学会用测色仪器测量颜色的XYZ三刺激值，学会计算xyz坐标值，加深对
CIE标准色度系统的认识。

2. 项目条件：分光光度仪。

3. 要求与步骤：

（1）用分光光度仪测量图2-32中各色块的X Y Z三刺激值，计算x、y坐标值，并将
各值填写在各色块下面对应的表格内；

（2）记录本次工作的测量条件和测量过程。

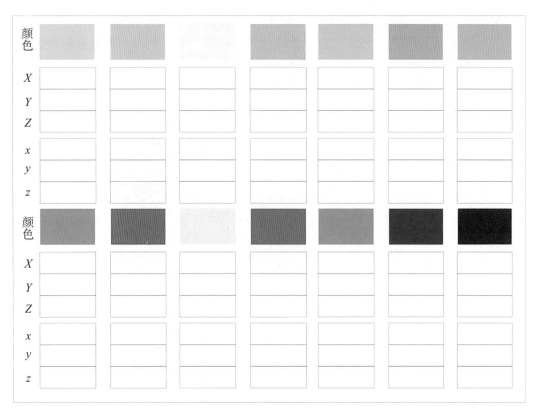

图 2-32　CIE xy 三刺激值的测量与坐标值计算

马大哈：基于CIE标准色度系统而建立起来的其他表色空间还有哪些?

四、CIELab颜色空间表色法

老　狼：CIE标准色度系统表示的颜色并不均匀，经过45年的研究和改进，CIE在1976年宣布确立了CIE1976L*U*V*与CIE1976L*a*b*两个均匀的颜色空间，但广泛应用于包装印刷、印染行业的是后者，后者简称为CIEL*a*b*色空间。

马大哈：CIE L*a*b*颜色空间的结构有何特点?

老　狼：CIEL*a*b*颜色空间是一种均匀颜色空间，是基于人的视觉生理和心理特性而建立起来的，是与设备无关的。其空间构成如图2-33所示。

老　狼：图2-33中的中央轴表示明度轴，用字母L表示，从下至上明度从

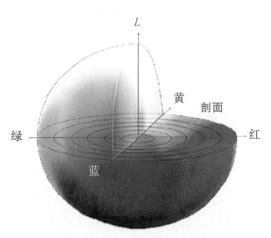

图 2-33　CIE Lab 颜色空间

老　狼：0~100，0最暗，表示黑色，100最亮为白色；垂直于中央轴的剖面表示色度，用+a至-a轴向表示红色至绿色的变化，+b至-b轴向表示黄色至蓝色的变化，取值范围：-128~127，如图2-34所示。

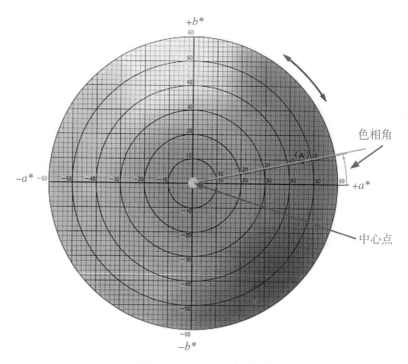

图 2-34　CIE Lab 色品图

老　狼：在Lab颜色空间中，色相是由角度（H）来表示的，其计算公式为hab=arctan（b*/a*），范围：0~360度；饱和度（C）范围：0~100，用距L轴距离的远近表示，距L轴越远，饱和度越大，反之，饱和度越小，在圆周边缘上饱和度最大。为巩固对CIE Lab颜色空间的认识，下面我们先做一做"项目训练二的练习"。

项目训练二：依据Lab值判断颜色的色相、明度与彩度

1. 目的：加深对CIEL*a*b*颜色空间的认识，建立L*a*b*值与颜色的对应关系。

2. 项目条件：

现有 A、B、C、D 四个颜色，测得其 CIELab 值分别为：

A：$L^*=50$　　$a^*=60$　　$b^*=40$

B：$L^*=80$　　$a^*=40$　　$b^*=70$

C：$L^*=30$　　$a^*=-30$　　$b^*=60$

D：$L^*=70$　　$a^*=70$　　$b^*=-40$

请依据上述条件，分析其颜色的三个属性。

对照图2-33和图2-34的基本结构，你来试着分析下吧：

老　　狼：好的，看来熟悉CIEL*a*b*颜色空间的结构与其色品图十分重要，否则没办法分析了。

马大哈：A颜色：由于a*和b*值都为正值，处于CIE L*a*b*色品图的第一象限，界于红色与黄色之间，且a* > b*值，说明颜色偏向红色，即为橙红类色相；由于a*和b*值都处于50附近，其离L轴的距离中等，其彩度为中等程度；L*值为50，说明A颜色的明度适中。综合以上分析，可得出A颜色是一个中等明亮、中等鲜艳的橙红色。

B颜色：由于a*和b*值都为正值，处于CIE L*a*b*色品图的第一象限，界于红色与黄色之间，且b* > a*值，说明颜色偏向黄色，即为橙黄类色相；由于a*处于50附近，但b*值70，其色点距离L*轴较远，彩度为较大；L*值为80，说明B颜色的明度较大。综合以上分析，可得出B颜色是一个较明亮、较鲜艳的橙黄色。

C颜色：由于a*负值，b*为正值，处于CIE L*a*b*色品图的第二象限，界于绿色与黄色之间，且b* > a*值，说明颜色偏向黄色，即为黄绿类色相；由于a*较小，但b*值60，其色点距离L*轴中等距离，彩度为中等；L*值为30，说明C颜色的明度较小。综合以上分析，可得出C颜色是一个较暗、鲜艳度中等的黄绿色。

D颜色：由于a*为正值，b*为负值，处于CIE L*a*b*色品图的第四象限，界于红色与蓝色之间，且a* > b*值，说明颜色偏向红色，即为紫红类色相；由于a*较大，b*值-40，其色点距离L*轴较远，L*值为70，说明D颜色的明度较大，综合以上分析，可得出D颜色是一个较亮、比较鲜艳的紫红色。

老　　狼：看来你对CIE L*a*b*颜色空间与色品度掌握得不错，只要结合L*a*b*数据多多分析，你就会越来越熟悉，以后只要看到其L*a*b*数据，马上就可联想到其颜色的基本属性了，这对今后从事于彩色印刷生产与管理十分重要。

马大哈：CIE L*a*b*颜色空间在印刷生产中的应用情况如何？

老　　狼：CIE L*a*b*颜色空间在印刷生产中得到广泛应用，由于它基于人的视觉特性，与设备无关，因此它是其他颜色空间转换的中间桥梁。如RGB转换到CMYK时就要利用L*a*b*过渡，即由RGB—L*a*b*—CMYK；现在世界上最先进的颜色测量仪器，如爱色丽的色度计、分光光度计；瑞士格林达–麦克贝斯的分光光度仪等测色仪器都具有L*a*b*颜色模式，可直接测量出原稿或印刷品颜色的L*a*b*值和色差值。CIE规定颜色复制品的色差以CIE L*a*b*模式下的计算公式确定，如图2-35公式所示。在CIE L*a*b*颜色空间中，色差其实就是两颜色点间的空间距离，如图2-36所示，其单位为NBS（美国国家标准局全称的缩写）。

$$\Delta E_{ab}^* = \sqrt{(L_2^* - L_1^*)^2 + (a_2^* - a_1^*)^2 + (b_2^* - b_1^*)^2}$$

图 2-35　CIEL*a*b* 空间色差公式

马大哈： 对具体的某一彩色印刷品而言，色差是指印刷品与原稿之间或同一印刷品不同印张间存在的颜色差异吗？

老　狼： 是的，下面我们做一个色差测量的对比实验，来加深对色差数据与人眼视觉感受间关系的认识。

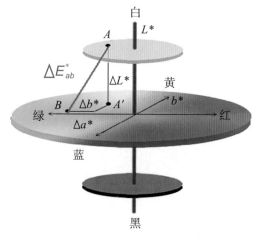

图 2-36　CIEL*a*b* 空间色差距离

项目训练三：颜色L*a*b*值测量、色差测量与对比

1．目的：学会用测色仪器测量颜色的L*a*b*值和色差值ΔE_{a*b*}，加深对不同色差数据与人眼的颜色感受。

2．项目条件：分光光度仪、色块。

3．要求与步骤：

（1）用分光光度仪测量图2-37中各色块的L*a*b*值和ΔE_{L*a*b*}值，并填写在与色块相对应的空格内；

（2）仔细观察色块视觉感受差异与色差数据之间的关系。

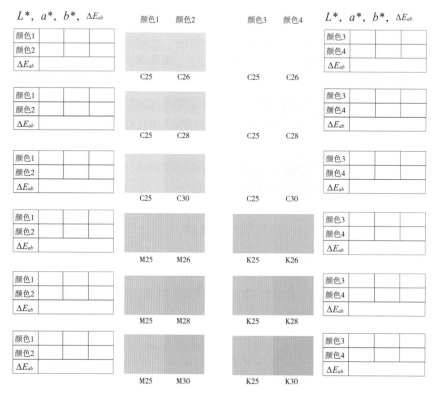

图 2-37　色差测量对比

4. 分析对比：将测量与观察结果填写在表2-2中。

表 2-2　　　　　　　　　**测量结果分析**

颜色	青			品红			黄			黑		
百分比差	1%	3%	5%	1%	3%	5%	1%	3%	5%	1%	3%	5%
ΔE_{ab}												
感觉差												

老　狼：上面的实验你会发现不同的色差数据与人眼的感觉并不完全一致，研究人员
　　　　通过大量的实验，得出不同色差与视觉感受关系如表2-3所示。

表 2-3　　　　　　　　**色差大小与视觉感受**

色差单位（NBS）	色差程度	人眼对色差的视觉感受
小于 0.2	微量	不可见
0.2 ~ 1.0	轻微	刚可察觉
1.0 ~ 3.0	能感觉得到	感觉轻微
3.0 ~ 6.0	明显	明显感觉
大于 6.0	很大	感觉很明显

老　狼：此外，各种图形图像处理软件都具有Lab模式，可直接在此模式下对颜色进行
　　　　设定和处理。如在Photoshop中，可按图2-38和图2-39所示进行设定和处理。

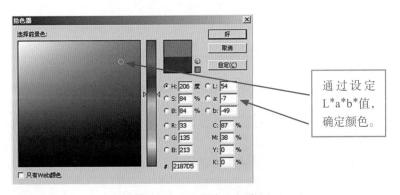

图 2-38　Lab 颜色空间应用

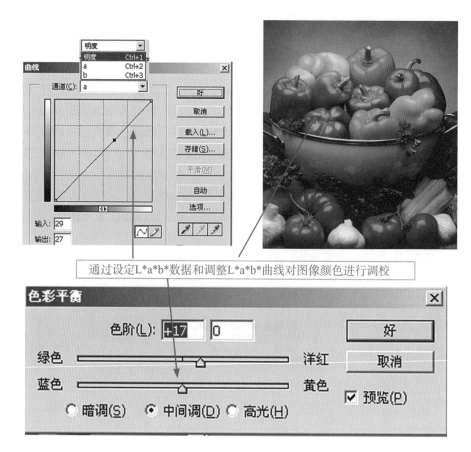

图 2-39　L*a*b* 颜色空间应用

项目训练四：在Photoshop的Lab模式下设定颜色

1．目的：体验Photoshop软件Lab模式下设定颜色的基本操作，提高对CIELab颜色空间的认识和运用能力。

2．项目条件：计算机、photoshop软件。

3．要求与步骤：

（1）按表2-4的数据分别设定1平方厘米色块的颜色。

表 2-4 　　　　　　　　　　　　　　　　颜色数据

颜色块	1	2	3	4	5
Lab 值	5　50　50	15　60　30	25　70　10	35　−30　50	45　−70　20
颜色块	6	7	8	9	10
Lab 值	55　−40　−60	65　−50　−20	75　30　−60	85　60　−30	95　50　−50

（2）仔细观察色块颜色变化，并在表2-5中对应空格内打上勾。

表 2-5　　　　　　　　　　　　色块颜色记录表

颜色变化	L 值增大	L 值减小	ab 绝对值增大	a>0 且 a>b （绝对值）	a<0 且 a>b （绝对值）	b>0 且 b>a （绝对值）	b<0 且 b>a （绝对值）
明度增大							
明度减小							
彩度增大							
彩度减小							
色相偏红							
色相偏绿							
色相偏黄							
色相偏蓝							

马大哈：随着计算机技术的普及与快速发展，各种图形图像处理软件得到广泛应用，对印刷业而言，现在计算机常用的图形图像处理软件有哪些表示颜色的方法呢？

老　狼：计算机技术、网络技术与数字图像处理技术的发展，给印刷业带来了革命性的变化，现在常用的分色与图形和图像处理软件，除了前面学习的CIEL*a*b*颜色空间表色以外，还有HSB、RGB、CMYK表色法。

五、HSB颜色空间表色法

老　狼：我们首先来看看HSB颜色空间。HSB颜色空间也是基于人对颜色的视觉感受而建立的一个极坐标三维空间，三个轴分别代表H：色相（Hue：0～360），S：饱和度（Saturation：0～100），B：亮度（Brightness：0～100）。也是与设备不相关的，如图2-40所示。在垂直极轴的圆周方向的不同角度处表示不同的色相，用垂直于极轴的剖面裁得的圆面表示色相面，如图2-41所示。在极轴上即亮度轴上的饱和度为0，从极轴向圆周边缘方向饱和度逐渐增大，在圆周边上的饱和度达到最大即100，即颜色最鲜艳，如图2-42所示。在HSB颜色立体中，极轴下底点处亮度为零即最暗，上顶点处亮度为100，即最亮。

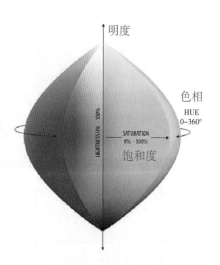

图 2-40　HSB 颜色立体

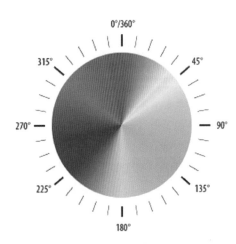

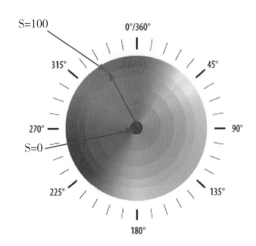

图 2-41　色相面　　　　　　　　　　　　图 2-42　饱和度变化图示

老　狼：因此只要确定了H、S、B的数据，就能在颜色立体中找到其位置，也就能确
　　　　定其颜色。

马大哈：HSB颜色立体有何实际用途？

老　狼：由于HSB颜色空间是基于人的视觉心理而建立的，是人类日常观察颜色的习
　　　　惯表示法，所以很多图形图像处理软件中都设有HSB颜色模式，以便于图形
　　　　设计和图像处理人员直接在HSB模式下对颜色进行设定和处理。图2-43所示，
　　　　即为Photoshop中通过设定H、S、B值去确定颜色的示意图。

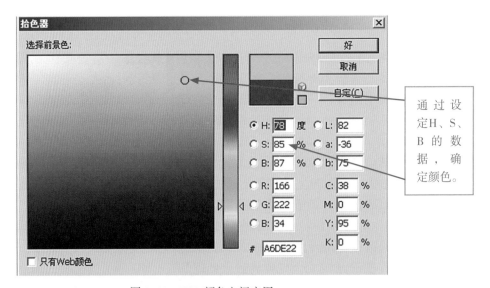

图 2-43　HSB 颜色空间应用

练一练：进入Photoshop，利用拾色器工具，在HSB模式下，设定各种不同颜色。

马大哈：CIELab颜色空间与HSB颜色空间都与设备无关，其共同点都是依据人眼的颜色视觉特性建立起来的，表示颜色特别方便，我已会应用了。RGB与CMYK颜色立方体有何特点，又是怎样表示颜色？

六、RGB颜色空间表色法

老　狼：RGB颜色空间是用色光三原色红（R）、绿（G）、蓝（B）代表三个坐标，每个坐标取值范围是0～255，所构成的颜色空间。可再现的颜色数量为$2^8*2^8*2^8=16777216$，如图2-44所示，电脑屏幕显色和电视机显色都属于RGB颜色空间呈色模式。

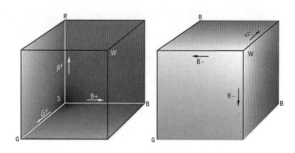

图 2-44　RGB 颜色空间

马大哈：我发现不同品牌的电脑或不同档次的电视机，所呈现的颜色效果并不相同。这是怎么回事呢？

老　狼：这是因为RGB颜色空间是基于色光加色混色原理和呈色材料的特性而建立的，不同的电脑或电视机所选用的呈色材料不同，如荧光粉等材料的性能不同所致，也就是说RGB颜色空间与设备是相关的。

马大哈：能否举个例子说明RGB颜色空间在印刷生产中的实际应用？

老　狼：好的，在RGB颜色空间中，只要确定了RGB值，就能在颜色空间中确定其位置，从而确定其颜色。如通用的图像处理软件Photoshop就有RGB颜色模式，通过设定或改变RGB值，就可对某一颜色进行设定或修改，如图2-45所示。

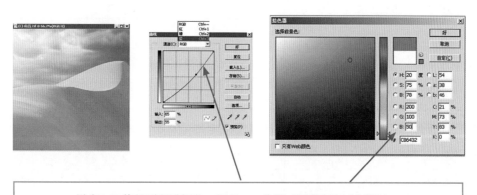

设定RGB值得到所需颜色，调整RGB曲线对图像颜色进行调校。

图 2-45　RGB 颜色空间的应用

项目训练五：在Photoshop的RGB模式下设定颜色

1. 目的：体验Photoshop软件RGB模式下设定颜色的基本操作，加深对RGB颜色空间的认识，建立RGB数据与对应颜色感觉的关系。

2. 项目条件：计算机、photoshop软件。

3. 要求与步骤：

（1）按表2-6数据分别设定1平方厘米色块的颜色。

表 2-6　　　　　　　　　　　　颜色数据

颜色块	1	2	3	4	5	6	7	8	9	10
RGB 值	0 0 0	255 255 255	255 255 0	255 200 0	255 150 0	255 100 0	45 255 0	80 255 0	100 255 0	120 255 0
颜色块	11	12	13	14	15	16	17	18	19	20
RGB 值	0 255 255	0 255 200	0 255 160	0 255 120	0 255 80	0 80 255	0 120 255	0 160 255	0 180 255	0 200 255
颜色块	21	22	23	24	25	26	27	28	29	30
RGB 值	255 0 255	200 0 255	160 0 255	120 0 255	80 0 255	255 0 255	255 0 160	255 0 120	255 0 80	255 0 60

（2）仔细观察色块颜色变化，并在表2-7对应空格内打上勾。

表 2-7　　　　　　　　　　　　色块颜色记录表

颜色变化	RGB 增大	RGB 减小	R>G	R=G=B	G>R	B>R	R=G=B=0
明度增大							
明度减小							
色相偏红							
色相偏绿							
色相偏蓝							
变白色							
变黑色							

马大哈：CMYK颜色空间又是怎样表示颜色的呢？

七、CMYK颜色空间表色法

老　狼：CMYK是油墨四色的代号，C代表青色，M代表品红色（实际应用中常用洋红表示），Y代表黄色，K代表黑色。CMYK颜色空间是用三维空间中的三个坐标分别代表C、M、Y，其取值范围为0～100。在其右侧用一纵向轴表示黑色的分量，其变化值为0%～100%。如图2-46所示。

马大哈：请您举例说明CMYK颜色空间的实际应用。

老　狼：印刷是通过Y、M、C、K四色印版上的网点转印油墨到承印物上，得到所需图像的颜色和阶

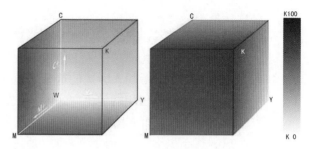

图 2-46　CMYK 颜色空间

图 2-47　CMYK 颜色空间应用

调。CMYK颜色空间是基于色料减色原理和印刷呈色方式而建立的。在CMYK颜色立体中，只要确定了C、M、Y、K的值，印刷品的颜色就是唯一的。通过调整或改变CMYK的数据，就可对印刷品的颜色进行修正。如图像处理软件Photoshop就设有CMYK颜色模式，在对扫描所获取的RGB图像信息，转换到印刷模式即CMYK模式后，可以通过设定和改变C、M、Y、K的数值得到所需的颜色；也可通过一些功能模块对CMYK进行调整来实行颜色控制。如图2-47和图2-48所示。

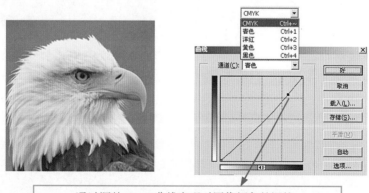

通过调整CMYK曲线实现对图像颜色的调校。

图 2-48　CMYK 颜色空间应用

马大哈：现在很多广告公司的设计人员，就是在CMYK模式下设计制作产品的。对某一个产品而言其CMYK的数据是一定的，但当将其版面信息制作成印版后，放在不同印刷厂里印刷时，得到的印刷品颜色却相差甚远？这是为什么？

老　　狼：你是一个善于思考的人，提的这个问题很有价值，因为CMYK颜色空间是基于色料减色原理和印刷呈色方式的，虽然CMYK数据确定了，但不同印刷厂所使用的油墨和纸张不同，还有印刷机和所用的印辅材料也不一定相同，生产控制状态也不一定相同，因此，所得到的印刷品颜色有差距是很正常的，这说明CMYK颜色空间也是与设备相关的。对同一个产品，要想在不同印刷厂之间或不同印刷机或承印材料上保持印刷品的颜色恒定，就必需对颜色进行管理，才能确保达到所期望的颜色效果（后面章节对此问题有专门介绍）。

马大哈：我到一些印刷公司去参观，发现其业务部门、生产管理部门和机长工作台上贴有非常漂亮的色谱图片，这些图片是什么图片？有何作用？

八、印刷色谱

老　　狼：你所看到的是印刷色谱，这是一种专门适用于印刷行业的专用色谱，其分为四色印刷色谱和专色印刷色谱两类。

1. 四色印刷色谱

四色印刷色谱：又名网纹色谱，是用标准黄、品红、青、黑四色油墨，按不同网点百分比叠印成各种彩色色块的总和。可分为单色、双色、三色、四色色谱。其构成分述如下：

①单色色谱：将Y、M、C、K四色按网点面积10%～100%各10个等级，单独排列成行，可得由浅到深不同明度变化的40种颜色，如图2-49所示。

②双色色谱：是由青与黄、黄与品红、品红与青两原色间相互叠印而成的色

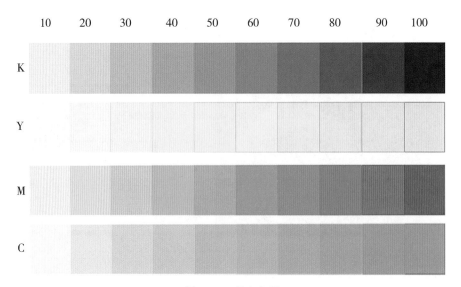

图2-49　单色色谱

谱。如果两原色分别沿纵向和横向排列为0%～100%共11个等级的正方形点阵，则一页可得121种颜色，如青色油墨与黄色墨叠印，就得到如图2-50所示的一页色谱。

老　狼：如果黄色油墨与品红色油墨叠印，即得到如图2-51所示的一页色谱；如果品红色油墨与青色油墨叠印，即得到图2-52所示的一页色谱。这样3页色谱共计得到363个间色块。

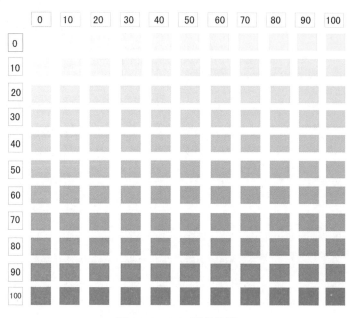

图 2-50　C+Y 双色色谱

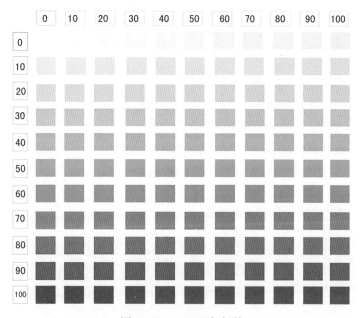

图 2-51　Y+M 双色色谱

老　狼：③三色色谱：是在双色色谱的基础上，每页衬满从10%～100%平网的第三种原色油墨所得到的色谱。如在青色与黄色叠印的双色色谱的基础上，再叠印20%的品红色平网即为一页三色色谱，如图2-53所示。以10%为间隔，依次类推共可得10页三色色谱，计1210种颜色。

老　狼：④四色色谱：是在三原色叠印色谱的基础上，再分别叠印10%、20%、40%、60%四个层次的黑色平网，共得40页计有4840种颜色，如图2-54所示。

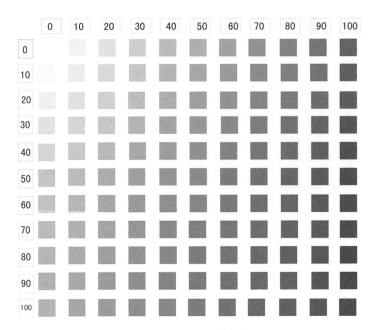

图 2-52　C+M 双色色谱

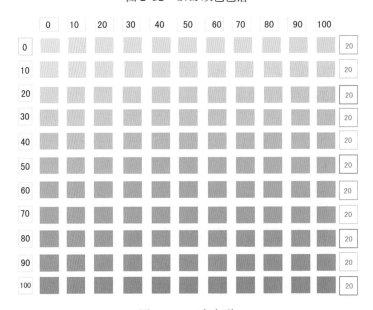

图 2-53　三色色谱

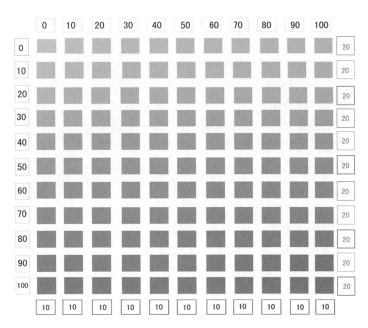

图 2-54　四色色谱

马大哈：印刷色谱以什么形式出现？其指导作用体现在哪些方面？

老　狼：印刷色谱可以是精装大开本的，也可制成简装小册子，甚至可简化为单张纸。其作用如下：可以指导调配专色油墨，厂方可以直接在色谱中找到客户所需的颜色，从该颜色中黄、品红、青、黑油墨的网点构成比例就可快速计算出其原色墨的组合比例，进而调配油墨。其次可以指导分色、打样和印刷，即可以对照色谱查看打样或印刷效果，从而对Y、M、C、K各分色曲线进行控制，以达到所需复制的颜色效果。

马大哈：色谱在制作时要注意什么问题呢？

老　狼：首先应根据本厂的情况制定，制作的色谱只对本厂的实际生产有直接的指导作用，别的厂家的色谱只能起参考作用。因为不同厂家所用的纸张、油墨、原辅材料、印刷机等都不一定相同，在使用相同的Y、M、C、K网点叠印成色时会有区别；其次色谱级数可根据需要确定，要求精确度高些的，级数可多些，如级差设为5%，要求低些的可设定大些的级差，如10%、15%等。再次所使用的纸张、油墨、印版、胶片、印机、印辅材料及制版工艺和印刷工艺要稳定。第四打样也要稳定。第五是色谱要定期更新，因为时间长了纸张和油墨都会变色。

看一看、想一想：仔细查看图2-50~图2-54中各色块颜色与CMYK间的数据关系。

马大哈：现在市面上有一种叫潘通（Pantone）的色卡，也属于印刷色谱吗？

2. 专色印刷色谱

老　狼： 潘通（Pantone）色卡属于专色（Spot color）印刷色谱，采取两种方式制作，一种是采用潘通油墨"YMCK"按不同网点百分比叠印呈色；另一类是由15种潘通原色，按不同原色间的不同比例调配成专色后再印刷呈色，如图2-55所示。

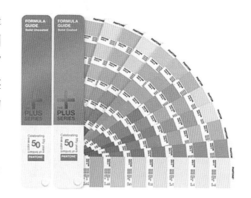

马大哈： Y、M、C、K四色叠印不是可以复制出任意颜色吗？为何还要专色色谱呢？

图 2-55　潘通（Pantone）专色色册

老　狼： 从理论上说YMCK可以复制出任意颜色，但是，实际上油墨的颜色特性达不到理想的状态，再加上四色叠印时，因油墨间的透明度、厚度等存在差异，各原色间相互遮盖，各原色的比例关系很难按分色时的数据体现，且油墨层偏厚、干燥速度慢、墨色易粘脏等缺点。在印刷大面积实地色块或渐变色块时，易出现墨色不均匀、偏色、亮调处墨色淡白、暗处颜色脏污等现象。还有一些金属光泽的颜色，用YMCK四色根本无法叠印呈现。因此，对类似于此的一些有特殊要求的颜色，通过事先调好专色油墨，用一块印版，一次性印刷的这种方式就称为专色印刷（同于潘通色卡第二种制作方式）。此外，虽然很多专色可以通过四色叠印较好地印刷复制，但是采用一块专色版印刷的方式，可以大大地节省印版和时间，提高工作效率。因此专色印刷方式，在包装、标签类产品中十分普遍。为此，一般把除Y、M、C、K以外，客户特别指定的颜色，统称为专色。

马大哈： 企业如何应用潘通调色呢？

老　狼： 不管是四色叠印的潘通色卡，还是**用15种标准基本色（原色）调制的潘通色卡**，其色卡中的每一个色块都用一个标号标定，并在标号下面注明了此专色构成的网点百分数或比例，如图2-56所示。只要客户提供了潘通标号或色样，就能十分方便地找到对应的色块及相应的配比，按照配比就可轻松地调出所需专色。

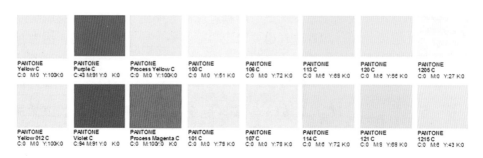

图 2-56　专色所用的原色种类与比例

老　　狼：此外，各种图形图像处理软件，也有潘通色样供设计时直接选用，如点击
　　　　　Photoshop软件的拾色器，然后点击自定，就弹出图2-57所示的潘通样色供设
　　　　　计时选用，十分方便。

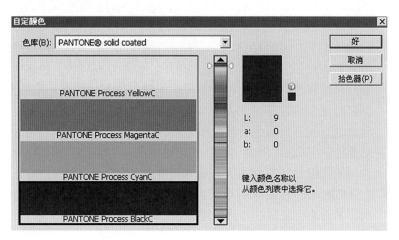

图 2-57　Photoshop 中潘通色样的应用

马大哈：现在世界范围内使用最普遍的Pantone色册有几种类型？除了美国 PANTONE
　　　　　公司的Pantone色卡外，还有无其他类似的专色混色色谱？

老　　狼：目前潘通（pantone）色卡有三种类型：
　　　　　一种是用光面铜版纸印刷的，在其标号后加"C"区别，如ＰＡＮＴＯＮＥ
　　　　　3258C；
　　　　　第二种用非涂布纸印刷的，在其标号后加"U"区别，如PANTONE 3238U；
　　　　　第三种用亚光铜版纸印刷的，在其标号后加"M"区别，如ＰＡＮＴＯＮＥ
　　　　　3308M；
　　　　　除了美国的pantone专色色卡外，还有DIC、Toyo Ink，HKS等，图2-58所示为
　　　　　DIC色卡。

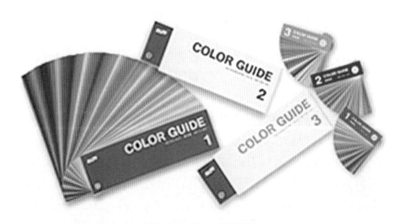

图 2-58　DIC 色彩指南

老　狼：现在国内的很多油墨厂家都有自己的专色混色色卡，便于为印刷厂配色提供方便，同时也为推销自己的产品做形象宣传，不过比较简单，色样较少。

马大哈：在使用专色混色色卡时要注意什么？

老　狼：使用PANTONE公司的色卡配色时，如果印刷公司所用油墨的颜色质量指标如色强度、灰度、色偏、色效率等与PANTONE的要求一致，且纸张也符合要求的情况下，可直接按色卡所标定的原色油墨的种类和比例配色，当然选用PANTONE公司推荐的油墨最理想了。如果差别较大，色卡所标定的油墨配比数据只能作为专色墨配色的参考。同理，用其他油墨厂家的专色混色色卡时，也必需使用该厂的油墨及对应的纸张才能按其标定的配比配出所需专色。否则，也只能起到配色的参考作用。

马大哈：至此已学了Lab、RGB、CMYK以及Pantone表色法，我知道这四种表色法是最常用的，但每种表色法所表示的颜色范围有无大小之别？

老　狼：上述四种表色法由于各自的表色模型不同，其与设备和材料的关系不同，因此，各自表色范围的差异是存在的，具体差别图2-59所示。

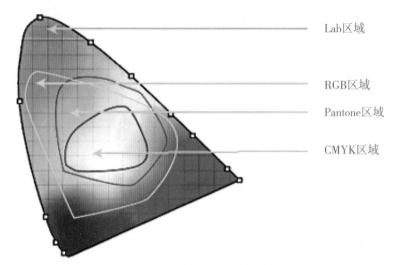

图 2-59　不同表色法表现的颜色范围

马大哈：从图2-59中可看出，表色范围最大的是Lab颜色空间，其次是RGB颜色空间，而最小表色范围是CMYK了。不同的颜色空间其表色范围不同，我们在进行颜色处理时要注意什么问题？

老　狼：首先要考虑到最终产品在什么介质下产出。因为现在的设计和制作都是在桌面系统下进行的，如果设计和处理后的产品只供投影到屏幕下使用或直接在电脑下观赏，就直接在RGB模式下工作；如果是对印刷品的设计制作和处理，最好在CMYK模式下进行，因为印刷是以Y、M、C、K叠印产出的，如果在RGB下进行处理，有些颜色最后转换到CMYK模式时就会表现不出来，不便于心中有数地进行颜色调校，以达到所期望的颜色效果；其次，由于Lab颜色模式是与设备无关的，它是RGB与CMYK转换的中间桥梁，在色彩管理中就要充分应用它，如果直接在此模式下对颜色进行调校和处理也是可行的，尤其是有些图像只需对亮度进行调校时，在Lab模式下就显得非常方便，只需调整 L 值就行了，但要注意积累其数据与对应的颜色感受，因为一般情况下人们还是较习惯于在RGB和CMYK模式下工作的。

马大哈：我曾经在一本美术杂志上看到美国的一位画家创立的一套表色法，但当时没看懂，您能介绍下吗？

老　狼：好的，你所说的是美国画家孟塞尔于1898年创立的一套表色系统，该系统创立后得到广泛应用。目前国际上广泛采用孟塞尔颜色系统去分类和标定物体的表面色。

九、孟塞尔颜色系统表色法

马大哈：孟塞尔表色系统包括哪些内容？

老　狼：孟塞尔表色系统是从心理学的角度根据颜色特点所制定的颜色分类和标定系统，它由颜色立体模型、颜色图册和颜色表示说明书三部分构成。

马大哈：颜色立体是怎样构成的？

1. 孟塞尔颜色立体模型

老　狼：颜色立体是用一个三维的类似球体模型，把各种表面色的三种基本特性即色相、明度、饱和度全部表示出来的立体。立体模型的每一个部位代表一个特定的颜色，并给予一定的标号，如图2-60所示。

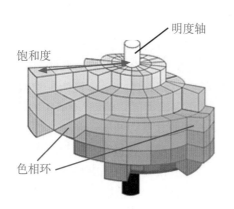
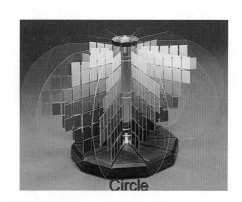

图 2-60　孟塞尔颜色立体模型

马大哈：孟塞尔立体的中央明度轴可以分为几级？

老　狼：1943年美国光学学会的孟塞尔颜色编排小组委员会，为使颜色样品编排在视觉上更接近等距，重新编排和增补了孟塞尔图中的色样，制定出了《孟塞尔新标系统》，新系统的明度轴共分为视觉上等距离的11级，即理想的黑色在底部为0，理想的白色在顶端为10，从0-10共11级。由于理想白和理想黑不存在，所以实际应用的明度只有1～9级。图2-61是孟塞尔立体的一张剖面图，其明度值见图中标示。

马大哈：孟塞尔颜色立体的饱和度分为几级？

老　狼：在孟塞尔颜色立体中，饱和度按离中央轴距离的远近可分为0/2/4/6/8/10/..等级数，不同明度时颜色的饱和度也是不同的，如图2-61所示。

马大哈：在孟塞尔颜色立体中，色相分为多少种？

老　狼：孟塞尔颜色立体分为5个主色相和5个中间色相，用孟塞尔颜色立体水平剖面图周向的不同位置表示，如图2-62所示的色相环。其中5个主色相分别是：红色（R）、黄色（Y）、绿色（G）、蓝色（B）、紫色（P），每一色相又分为10个等级，共50个主色相；

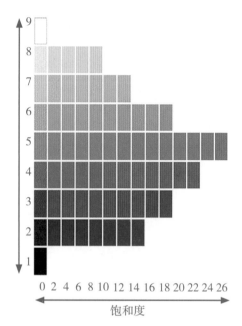

图2-61　孟塞尔明度和饱和度示意图

中间色相分为黄红色（YR）、绿黄色（GY）、蓝绿色（BG）、蓝紫色（PB）和紫红色（PR）5个，每一色相也分为10个等级，共50个中间色相。

马大哈：孟塞尔颜色图册是怎样制得的？

2. 孟塞尔颜色图册

老　狼：是将5个主色相和5个中间色相都分为四个等级，即2.5、5、7.5、10等级，如图2-62所示；然后分次从对应的色相方向将孟塞尔颜色立体垂直剖开得到40个剖面，即40种色相的样品色，每一个剖面为图册的一页，共40页，如图2-63所示即为从色相为黄红色（10YR）处剖得的一页；将40页类似的色样装订成册，即得到孟塞颜色图册。

马大哈：孟塞尔颜色图册中的颜色，怎样去标定？

老　狼：孟塞尔颜色图册对颜色的标定方法如下：H V/C=色相 明度/饱和度，即先写色相，紧接着写明度，最后在斜线后写饱和度。如图2-63中的A色块则可写为：10YR5/6，这是对彩色的标定方法。对于中性色则按下述规则标定：NV/=中性色 明度/。如图2-63中的B色块，则可标定为N4/。对于微带彩色即饱和度低于0.3的中性色，则按NV/（H C）=中性色明度值/（色相 饱和度），如N8/（Y 0.2）表示略带黄色的淡灰色。

马大哈：孟塞尔颜色图册有何作用？

老　狼：由于孟塞尔颜色图册便于保管、携带和查阅，因此比颜色立体应用更广泛，具体作用如下：

① 可以对任何表面色进行标定。即只需在孟塞尔图册中找到准确的颜色样就可确定孟塞尔标号，进而确定颜色的基本特征。如奥运会会旗上五环的颜色

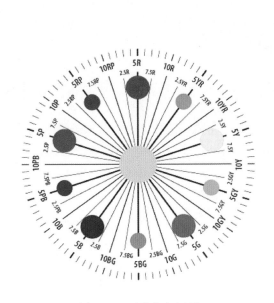

图 2-62　孟塞尔色相环

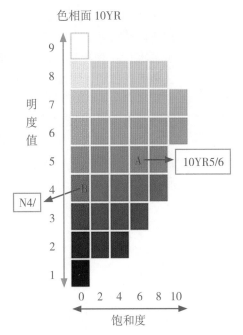

图 2-63　孟塞尔色样图册中的一页

分别用孟塞尔标号1PB4/11、N1/、6R4/15、3Y8/14、3G5.5/9表示，如图2-64所示。在任何一个国家，按此标号在孟塞尔图册中查出对应的颜色样即可进行印制，从而保证了全世界五环旗颜色的一致性。

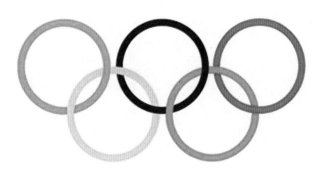

图 2-64　奥运会五环旗

② 便于颜色科研和商业活动中异地讨论颜色问题。因为孟塞尔颜色系统的数据与CIE色度系统的三刺激值可以相互转换，只要知道了颜色的孟塞尔标号，就可换算出其颜色的三刺激值，反之亦然。现在很多印刷公司都有海外印刷业务，对某个产品而言，只要通过网络传送产品的孟塞尔标号即可对产品颜色进行确定，省掉了异地传送实物样品的麻烦。还有在颜色科研中，只要传送颜色标号即可对颜色信息进行交流与沟通，方便了颜色科研，提高了效率。

③ 有利于工业生产的数据化和标准化。因为孟塞尔表色系统能用立体模型和颜色标号将日常生活和工业用色进行明确分类和标定，再加上它能与CIE色度系统进行互相转换，这对工业用色中推行数据化和标准化十分有利，是一种科学的表色法，也是一种世界通用的色彩语言。

马大哈：孟塞尔表色系统有何特点？

老　狼：孟塞尔系统是用目视评价方法确定的，它的颜色卡片是按照视觉等差规律排列的，所以在视觉上的差异是均匀的，因此经常被用来检验其他颜色空间是否均匀。此外由于其颜色标号是由色相、明度、饱和度的组合来表示颜色的，所以孟塞尔系统表色法又称为HVC表色法。

知识归纳

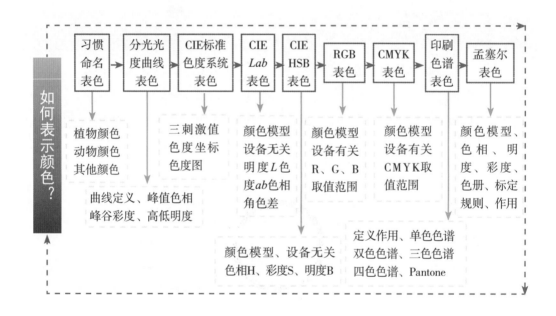

学习评价

自我评价

是否真正理解了九种表色法的内涵与作用？　　　　　　　　　□ 是　　□ 否

能利用九种表色法表示颜色？　　　　　　　　　　　　　　　□ 能　　□ 否

小组评价

是否掌握了 Lab、印刷色谱与孟塞尔表色法？　　　　　　　　□ 是　　□ 否

能利用 Lab 表色与比较色差？能利用印刷色谱配色？　　　　　□ 是　　□ 否

学习拓展

在网络上查找利用 Lab 与 Pantone 表色、比较颜色与配色的相关资料。

训练区

一、知识训练

（一）填空题

1. 颜色的习惯命名法是指用人们熟悉的_____或_____来命名颜色的一种方法。

2. 分光光度曲线是表示物体反射或透射各个_____辐射能力的曲线。曲线的峰值所对应的波长表示_____，曲线的高低表示_____，曲线的波峰与波谷之差表示_____。

3. CIE1931标准色度系统包括_____ 和一张_____。

4. CIELab颜色空间中，L表示_____，取值范围是_____，ab表示_____。

5. CIEHSB颜色空间中，H表示_____，取值范围是_____，S表示_____取值范围是_____，B表示_____取值范围是_____。

6. Pantone色卡中色标标号的尾号字母 U 、C 和 M 分别代表_____、_____、和_____。

7. 孟塞尔颜色立体标定规则：H V ／ C三个字母分别表示_____、_____、_____。

（二）单选题

1. 孟塞尔五个主色相标号正确的一组是（　　　）。

（A）5R、5Y、5G、5B、5 P

（B）10YR、10GY、10PB、10RP 10BG

（C）10R、10Y、10G、10B、10P

（D）7.5R、7.5G、7.5B、7.5P、7.5Y

2. 按孟塞尔颜色标号规则，（　　　）代表中性色。

（A）N7 ／　　　　（B）5YR7/2

（C）5P6/4　　　　（D）10GB4/7

3. 饱和度相同的一组颜色是（　　　）。

（A）2.5Y8/2　5P4/2

（B）10YR6/5　5R4/3

（C）10PB5/3　7.5Y6/4

（D）5P4/3　5R6/4

4. 在图2-65中，明度为（　　　）时，饱和度最大。

（A）5　　　　　　（B）4

（C）8　　　　　　（D）2

图 2-65　孟塞尔色册中的 5PB 页

5. 图2-65说明同一色相的颜色，其饱和度随着明度的变化（　　　）。

    （A）变化　　　　　　（B）不变　　　　　　（C）增大　　　　　　（D）减小

6. 在图2-65中，字母W与M色块的标号应为（　　　）。

    （A）5PB5/16　5PB3/10　　　　　　　（B）5B5/16　5B3/10

    （C）5PB3/10　5PB5/16　　　　　　　（D）8PB3/10　8PB5/16

7. 下述正确的是（　　　）。

    （A）Lab与CMYK都与设备相关　　　　（B）HSB与RGB都与设备相关

    （C）RGB与CMYK都与设备无关　　　　（D）Lab与HSB都与设备无关

8. 在CIE1931标准色度系统中，大写XYZ表示（　　　）

    （A）三刺激值　　　　　　　　　　　　（B）表示色度坐标值

    （C）光谱反射率　　　　　　　　　　　（D）光谱透射率

9. 图2-66所示分光光度曲线，A、B、C分别表示（　　　）油墨。

    （A）青、品红和黄　　　　　　　　　　（B）黄、品红和青

    （C）红、青和黄　　　　　　　　　　　（D）蓝、绿和红

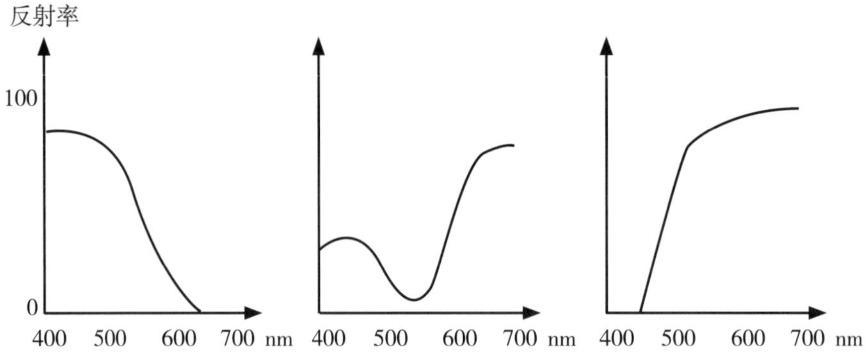

图 2-66　油墨分光光度曲线

10. RGB与CMYK颜色空间相比，其表现在颜色范围（　　　）。

    （A）RGB > CMYK　　　　　　　　　　（B）RGB = CMYK

    （C）RGB < CMYK　　　　　　　　　　（D）无法比较

（三）判断题（在题后括号内正确的打√，错误的打×）

1. CIE1931标准色度系统表示的颜色具有不均匀性。（　　　）

2. 油墨的分光光度曲线越窄、峰值越高，其颜色的彩度越大。（　　　）

3. 某一颜色的$L=80$，$a=-50$，$b=90$，此色是明亮的黄绿色。（　　　）

4. 任何一家印刷厂的印刷色谱都可借用来直接指导调色。（　　　）

5. 使用Pantone色册的U类与C类色卡调色，效果是一样的。（　　　）

6. 只要知道孟塞尔标号，就可找出对应的孟塞尔色块。（　　　）

二、能力训练

1. 图2-67中有四组数据与色块，请用直线将对等关系的连接起来。

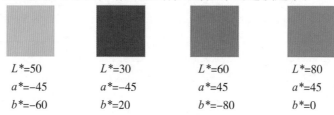

$L*=50$	$L*=30$	$L*=60$	$L*=80$
$a*=-45$	$a*=-45$	$a*=45$	$a*=45$
$b*=-60$	$b*=20$	$b*=-80$	$b*=0$

图 2-67　Lab 值与颜色对应关系

2. 图2-68中有四组色块，请将与色差值对等关系的组别用直线连通。

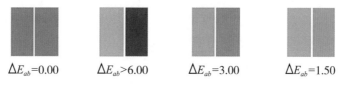

$\Delta E_{ab}=0.00$　　$\Delta E_{ab}>6.00$　　$\Delta E_{ab}=3.00$　　$\Delta E_{ab}=1.50$

图 2-68　色差值与色组对应关系

3. 观察图2-69，说明此色谱由几色油墨叠印而成，分析色谱中"A、B、C、D"四个色块的网点构成百分数，并填写在练习表内的空格里。

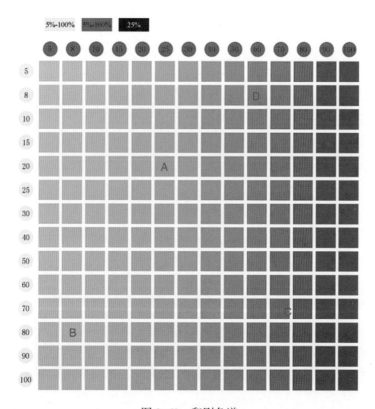

图 2-69　印刷色谱

练习表

色样＼网点构成	Y（%）	M（%）	C（%）	K（%）
A				
B				
C				
D				

三、课后活动

请每一位同学通过网络查找所学九种表色法的相关资料与实际应用案例。

四、职业活动

每位同学针对生活中所用产品包装的专色或某一产品标签的专色，对照印刷色谱或pantone色卡，分析其颜色构成。

学习情境 3　印刷颜色如何形成、有何特点

学　习　目　标

完成本学习情境后，你能实现下述目标：

知识目标

1. 能概述印刷颜色的形成过程。
2. 能说出常用原稿的特点。
3. 能解释分色原理与灰平衡。
4. 能说出印前分色工艺与印刷颜色的关系。
5. 能概述网点、油墨、纸张特性与印刷颜色的关系。
6. 能说明印刷过程、印后处理与印刷颜色的关系。

能力目标

1. 能描述印刷颜色的形成过程。
2. 能区别不同类别原稿特点及应用要点。
3. 能进行原稿分色与灰平衡控制，并能识别分色印版与样张。
4. 能正确选择分色工艺，并合理设定分色参数。
5. 能正确选择和应用网点。
6. 能分析油墨和纸张特性对印刷颜色的影响。
7. 能指明印刷控制要素与印后处理方式对印刷颜色的影响。
8. 能说明印刷颜色的特点。

建议 14 学时完成本学习情境

印刷颜色如何形成？有何特点？

内容结构

原稿与印刷颜色
- ◎ 印刷颜色的形成过程
- ◎ 原稿特点及应用

印前处理与印刷颜色？
- ◎ 分色原理与灰平衡控制
- ◎ 分色印版与样张识别
- ◎ 分色工艺及应用
- ◎ 网点种类、特点及应用

印刷生产与印刷颜色？
- ◎ 油墨特点与印刷色彩
- ◎ 纸张特点与印刷色彩
- ◎ 印刷过程控制与印刷颜色
- ◎ 印后处理与印刷颜色
- ◎ 印刷品颜色特点

学习任务 1   原稿与印刷品颜色的关系

（建议 3 学时）

学习任务描述

一张彩色相片印刷1万张，要经过多少个步骤才能得到色彩逼真的复制相片？不同类型的原稿在印刷复制时采取何种工艺才能较好地再现其颜色特性？本任务通过一张相片的复制过程，在问题引导、图文并茂、对话交流与讨论的过程中，认识印刷品颜色的形成过程，了解不同原稿的特点，掌握不同原稿印刷复制时的控制要点。

重点：原稿特点与调控要点

难点：调控要点

引导问题

1. 彩色图片大批量印刷要经过几个环节？

2. 原稿分为几种？各有何特点？

3. 国画印刷复制时要重用黑版吗？灰成分替代工艺最适合国画复制吗？

4. 油画印刷复制时要注意什么？黑版应选用什么类型？

5. 水彩画印刷复制时，要重用三原色吗？黑版用长调还是短调呢？

6. 水粉画印刷复制时要重用黑版吗？

7. 彩色印刷品作为原稿再印刷复制时，要特别要注意处理什么？

马大哈：明星艺人开演唱会，一般都要印刷含有个人相片的宣传海报，这样的海报是怎样大批量印刷出来的呢？

一、印刷品颜色的形成过程

老　狼：我们以图3-1中的彩色相片为例，来认识彩色印刷品的复制过程。

图 3-1　彩色相片原稿

第一步：扫描图片，将相片放于扫描仪内，进行扫描，如图3-2。

图 3-2　扫描仪扫描原稿

第二步：分色加网，将扫描获取的RGB图像分解成CMYK图像，并进行电子加网，如图3-3。

图 3-3　分色加网

第三步：输出印版，用CTP机制版或用照排机输出菲林后晒版，如图3-4。

图 3-4　输出印版

第四步：印刷，将印版装在印刷机上，利用纸张和油墨进行印刷，如图3-5。

图 3-5　印刷生产

老　狼：第五步：印后加工，利用覆膜机（涂布机）、切刀，进行覆膜（过油）和裁切等，如图3-6所示。

图 3-6　印后覆膜过胶与裁切

马大哈：我明白了，经过"扫描–分色加网–制印版–印刷–印后加工处理"五大步骤，就可得到与相片相同的彩色印刷品。看来作为原稿的相片是所有步骤的依据，现在用于印刷复制的原稿有哪些类别？各有何特点？印刷复制时要注意什么？

二、原稿的特点及应用

老　狼：首先我们要弄清楚原稿的定义：原稿是印前处理所依据的实物或载体上的图文信息。在印刷的五大要素（原稿、印版、油墨、纸张、印刷机）中，原稿位于首位。由于不同的原稿其色调不同，因此，在印刷复制时就要采取相应的调控，才能确保印刷复制品的色调与原稿一致。常用的原稿分类如下。

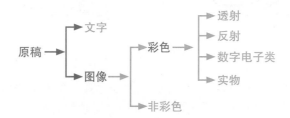

马大哈：各类彩色原稿有何特点？应如何应用？

　　　1. 透射原稿有何特点？如何应用？

老　狼：共同特点：彩色透射原稿的共同特点是制作方便、质量较高、成本低、使用方便、便于保管和携带。日常摄影使用的彩色胶卷就属于此类。

马大哈：生活中所使用的彩色胶卷与电影拍摄用的胶卷有何区别？

老　狼：彩色感光片根据三层感光乳剂层排列顺序及冲洗加工程序不同，可分为彩色正片、彩色负片和彩色反转片三种类型。其各自的特点分别如下：

　　　A. 彩色负片

　　　① 如图3-7所示，影像与实物全部相反。生活中所使用的彩色胶卷就属于彩色负片，将冲洗出来的底片对着阳光观察，所看到的影像色调与实物全是互补关系。

实物 　　　　　　　　　　 彩色负片图片

图 3-7　彩色负片

老　狼：② **特点及作用**：幅面小、多为135型，色表现力、清晰度及颗粒性均不及彩色反转片，又因所得图像与实物色调相反，制版时不易判断质量，较少直接用作于印刷复制的原稿，一般常用于生活拍照。

B. 彩色正片

① 影像生成过程：是用彩色负片经拷贝加工而成的彩色正像胶片，所记录的影像阶调和颜色均与实际景物相同，如图3-8所示。

实物 　　　　　　　　　　 彩色正片图片

图 3-8　彩色正片

② 特点及作用：与反转片相比层次不够丰富，颜色不够鲜艳，反差较小，清晰度较低。一般用于拷贝电影胶片和印制彩色幻灯片。

C. 彩色反转片（天然色正片）

① 影像生成过程：拍摄时曝光形成潜影，冲洗时，先进行黑白显影，成色剂不变化；白光第二次曝光，此时，第一次未曝光的感光乳剂和成色剂反应，再次显影时形成与实物相同阶调和色彩的影像，最后漂白定影。

② 特点及作用：阶调丰富、层次清晰，颜色鲜艳，色表现力强，颗粒细腻，非常适合高倍放大复制，如大幅面的广告、挂历、高清画册等常用反转片作为原稿。不足处是反差过大，容易偏色，因此，需扫描分时校正。如图3-9所示，油墨的

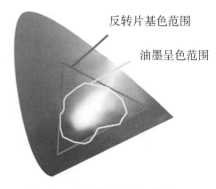

反转片基色范围

油墨呈色范围

图 3-9　反转片与油墨呈色范围

老　狼：呈色范围还没有反转片的范围大，因此有些颜色印刷时必有损失。

马大哈：现在我清楚了，在彩色透射片中，只有反转片适合作为印刷复制用原稿，且要经过适当调校处理才能达到较好效果。

老　狼：在此，还请你搞清楚三个概念：

反差：是指图像中最亮和最暗部位的密度差。

阶调（层次）：指人的视觉可分辨的密度级次，如图3-10所示。

色调：指颜色与阶调变化的情况，包括了颜色与阶调两方面的信息。

同时请你记住：印刷用反转片理想的密度范围是：0.4～2.4；理想的反差是1.8～2.2。

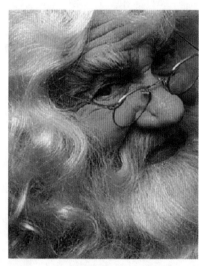 

左　　　　　　　　　　　　右
阶调（层次）丰富　　　　　阶调（层次）平淡

图3-10　阶调层次对比

马大哈：彩色反射稿怎样进行分类？有何特点？

2. 反射原稿有何特点？如何应用？

老　狼：彩色反射稿可分为彩色绘画作品、彩色照片和彩色印刷品三类。

共同特点：密度范围较小，一般在0.1～1.7，反差约为1.6左右，与彩色印刷品能达到的密度范围和反差极为接近，故易于印刷复制，在所有原稿中占有较大比例。

① 彩色绘画作品：彩色绘画作品又可分为国画、油画、水彩画、水粉画等类型，不同画种所用的材料、技法及绘画风格均有异，故其表现出来的图像色调各有特色。

a. 中国画（国画）：是用毛笔蘸墨或国画颜料在宣纸或丝绢上所作的画，是中国独创，也是东方绘画的主流。其最大的特点就是以墨为主，以色为辅，着重意境，讲究形神兼备，表现出来的色彩明朗、朴厚、柔软、柔和，反差

图 3-11　国画

老　狼：较小，如图3-11所示。印刷复制国画时应特别重视黑版的作用，灰成分替代
工艺是最适合国画的分色制版。

b．油画：油画起源于西方，是西方绘画的主流。它是以画笔和画刀为工具，
用油性颜料在画布上作画。其主要特点是用色浓重，颜色厚实滋润，阶调丰
富，反差大，对比强烈，质感和立体感强，如图3-12所示。因此在印刷复制

图 3-12　油画

老　狼：中应将黄、品红、青三色版上的网点放足，黑版只能做成短调以起衬托强调作用，同时注重暗调部位丰富的色调再现。

　　　　c. 水彩画：是用水溶性的水彩颜料在较粗糙的画纸上作画，凭借调色时水分的多少，表现出色彩的浓淡和颜料的透明度。其特点是水彩画具有清淡、透明、飘逸、湿润的艺术特点，如图3-13所示。在印刷复制时因幅面大，常拍摄成二次原稿后再制版。因此，分色制版时要重用三原色，黑版调子要短，即使最暗处也不能多，以免损害水彩画的轻快感和透明感。

图 3-13　水彩画

　　　　d. 水粉画：是用水调粉质颜料画在纸上的图画。因其采用的水粉颜料不透明，既无油画颜料的黏凝、也没有水彩染色的渗化，表现出色泽妖艳，遮盖力强的特点，如图3-14所示。因此，印刷复制时应以三原色为主的制版工艺强调色泽妖艳，增强色彩感染力。

老　狼：② 彩色照片：是将彩色感光乳剂层涂布于不透明的白色纸基上制成彩色相纸，利用彩色负片拷贝或放大后获得的正像彩色图片，是生活中使用最多的图片，如图3-15所示。其特点是色彩比较鲜艳，图像清晰度低，亮调较灰平，暗中调层次易并级，画面颗粒粗糙，易偏色，是印刷复制常用的反射稿。在复制时应注意对照片整体色调效果进行分色控制，如相片是偏闷暗、偏亮淡，还是适中等，应充分利用相片与印刷品密度范围及反差相接近的优点，进行合理定标，恰当处理。

老　狼：③ 彩色印刷品：是客户在没有上述原稿的特殊情况下，将彩色印刷品拿来作为原稿使用。其特点是反差低、清晰度较低，高、低调层次不足，原稿质量

图 3-14　水粉画

图 3-15　彩色相片

图 3-16　彩色印刷品

老　　狼：相对较低。由于印刷品是由网点交织而成的图像，如图3-16所示，再经分色加网后易产生不美观的波纹即龟纹。因此复制时应注意去龟纹处理即脱网处理，尽可能降低龟纹的影响。

马大哈：在电脑城里买的光盘图像库中的图像属于什么原稿？有何特点？

　　　　3.　数字类原稿有何特点？如何应用？

老　　狼：你所说的这类原稿属于数字电子类原稿，它们来自于数码相机拍摄、相片光盘（Photo-CD）、计算机原稿设计系统和数字通信网络。其共同的点是色彩鲜艳、层次清晰、阶调丰富、输出时解析度高，颜色损失少，不失真，图像信息可永久保存，便于复制和调整，具有高品质、低成本、用途广的特点。并可直接输入到图像处理及分色系统中去进行各种处理和输出。

　　　　① 数码相机拍摄：此类相机不再使用彩色胶卷，而是分别用感红、感绿、感蓝的CCD（光电耦合器件）感光板，将照相机光学系统拍摄的图像以较高的分辨率分解成红、绿、蓝三色数字信号，并存储在磁介质上如U盘、软盘、硬盘和光盘。供计算机进行图像处理、页面排版处理和分色输出。

　　　　② 相片光盘（Photo-CD）：是将照相机拍摄到传统彩色相片经扫描和数字化处理后写入光盘的一种图片形式，柯达公司最早推出此类产品。

　　　　③ 计算机原稿设计系统：主要是装有图形图像处理软件的计算机系统，对扫描输入原稿图像进行再次创作或直接在系统内进行创意制作的图形或图像。

　　　　④ 数字通信网络：指从互联网上获取的各种彩色图片。要说明的是网络上一些大众传播的图片质量因其分辨力，色彩和阶调较差，不适合印刷复制。

马大哈：实物也可作为原稿吗？

　　　　4.　实物原稿有何特点？如何应用？

老　　狼：随着3D成像技术的发展与成熟，实物作为原稿必将会与日俱增，这要求扫描

老　狼：仪具有识别三维立体的颜色信息。目前被用作印刷原稿的实物有艺术绣品、丝质、革质的书画、油画，陶瓷、木材、花草、各类金属、塑料、石材、壁画、文物等。如图3-17所示为大幅面高端扫描仪和三维扫描仪。

超大幅面高精度扫描仪　　　　单目立体扫描仪　　　　四日立体扫描仪

图 3-17　实物扫描仪

知识归纳

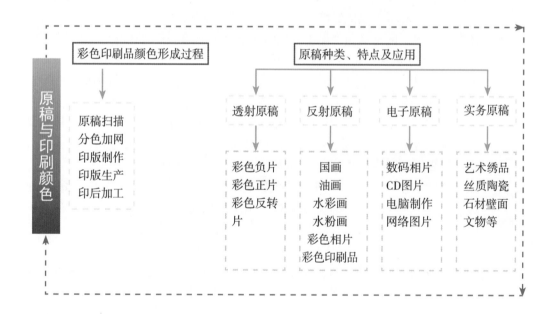

学习评价

自我评价

是否熟悉了印刷品颜色的形成过程？　　　　　　　　　□ 是　　□ 否

能否区分不同类原稿特点与应用要点？　　　　　　　　□ 能　　□ 否

小组评价

是否清楚印刷颜色形成过程？　　　　　　　　　　　　　□ 是　　□ 否

能否指出彩色反转片与印刷品原稿的复制要点？　　　　　□ 能　　□ 否

学习拓展

　　在网络上查找印刷品原稿、国画、油画、水彩与水粉画印刷复制的生产控制案例。

训练区

一、知识训练

（一）填空题

1. 彩色原稿的印刷复制要经过_____、_____、_____、_____和_____五个环节。

2. 彩色透射原稿分为_____、_____和_____三种。

3. 彩色反射原稿分为_____、_____、_____、_____、_____和_____六大类。

（二）单选题

1. 印刷品原稿再次进行印刷复制，扫描时一定要采取（　　）处理。

　　（A）去网　　　　　（B）加网　　　　　（C）定标　　　　　（D）都不是

2. 一般彩色反转片的密度和反差较高，其呈色范围（　　）印刷品呈色范围，因此要调校处理。

　　（A）大于　　　　　（B）小于　　　　　（C）等于　　　　　（D）不确定

3. 图3-18中，反差最小，高调层次丢失严重的是（　　）。

　　（A）　　　　　　　（B）　　　　　　　（C）　　　　　　　（D）

图3-18

4. 国画具有以墨为主，以色为辅的特点，印刷复制时要重用（　　）版。

　　（A）黑　　　　　　（B）黄　　　　　　（C）青　　　　　　（D）品红

5. 油画用色浓重、颜色厚实、阶调丰富、反差大，印刷复制时要用（　　）黑版。

　　（A）长调　　　　　（B）短调　　　　　（C）中调　　　　　（D）极长调

6. 水彩画具有清淡、透明、飘逸、湿润的特点，印刷复制时要重用（　　），用短调黑版。

　　（A）三原色　　　　（B）K版　　　　　（C）G　　　　　　　（D）R

7. 水粉画具有色泽妖艳、遮盖力强的特点，印刷复制时要以三原色版（　　），少用黑版。

（A）为主　　　　　　（B）为辅　　　　　　（C）兼顾　　　　　　（D）等量

（三）名词解释

1. 阶调；2. 反差；3. 色调。

二、课后活动

每个同学收集10张不同类别原稿，并观察分析原稿具有何种特点

三、职业活动

在小组内对收集到的原稿进行分析比较和交流，并列举出自己在网络上查找到的不同原稿在印刷复制时进行相应调控的应用案例。

学习任务 2　印前处理与印刷品颜色的关系

（建议 6 学时）

学习任务描述

印前处理是彩色印刷复制的第一个环节，印刷公司接到客户订单后，紧接着就要对图片进行扫描分色、图像处理、图文排版、加网输出样张与印版。在此环节中，分色工艺的选用与参数设定，网点类别的选用与相关参数的确定都将直接影响最终印刷品的颜色质量。本任务通过一张彩色图片的分色流程，在问题引导、图文并茂、对话沟通与实践体验的过程中，来理解分色原理与灰平衡，学会识别分色印版与分色样张，掌握分色工艺的选用、分色参数的设定以及加网技术的应用。

重点：分色工艺及分色参数设定

难点：分色原理

引导问题

1. 什么叫分色？分色需用到什么设备和材料？现在常用的分色设备是什么？

2. 可以在软件上进行分色吗？你能识别分色印版与分色样张吗？

3. 灰平衡是什么？能举例说明吗？印刷灰平衡的一般规律是什么？

4. GCR与UCR分色工艺分别适用于什么原稿？二者有何区别？黑版分为几种？各有何特点？

5. 你能正确设定分色参数吗？

6. 网点的作用是什么？网点分为几类？

7. 选用调幅网点时有哪些参数需要确定？加网角度如何确定？

8. 调频网点最突出的特点是什么？适合于什么产品的印刷复制？

马大哈：任务一中提到："客户送来原稿后，首先是扫描，接着进行分色和加网"。我一直很奇怪，一张彩色图片，不同部位颜色千差万别，怎么能通过简单的方式进行大批量地印刷复制？

一、分色原理、分色印版与分色样张

1. 什么叫分色？

老　狼：彩色印刷复制其实就是颜色的分解与合成过程，其理论基础之一是分色原理。我们先看图3-19所示的分色过程：当红、绿、蓝光同时照射到红、绿、蓝三块滤色片时，不同的滤色片分别透过了不同色光，这个过程就叫分色，滤色片是分色的必备材料。

马大哈：也就是说：**滤色片把彩色光分解成单色光的过程就称为分色。**

老　狼：是的，我们用扫描仪对彩色相片进行扫描，实际上就是利用扫描仪内安装的红、绿、蓝滤色片将彩色原稿不同部位反射或透射出来的不同颜色光，分解成按R、G、B数据组合的颜色，从印刷复制的角度而言，把彩色原稿分解成Y、M、C、K的过程就称为分色。

马大哈：现在一般用什么仪器进行扫描分色？

老　狼：现在广告公司和印刷公司的印前处理部门一般选用平板扫描仪进行扫描分色，对于高精度的彩色图片复制，则需选用滚筒式扫描仪，如图3-20所示。

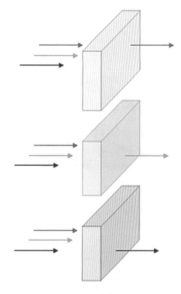

图 3-19　分色示意图

平板扫描仪　　　　　　立式滚筒扫描仪

图 3-20　扫描仪

常用的中、低档扫描仪，只能将彩色图片扫描分色成RGB模式的图像，而专业级的扫描仪，既可扫描分色成RGB模式，也可扫描分色成CMYK模式。由于彩色印刷复制，遵循色料减色混色原理，因此彩色图片必须扫描分色成CMYK模式；而互联网上所用的图片，只需扫描分色成RGB模式，因为其符合色光加色混色规律。

马大哈：为了满足彩色印刷复制的需要，RGB彩色图片再次转换分色为CMYK模式，是怎样的一种状况？

老　狼：我们先看看分色图3-21。

图 3-21　分色示意图

图3-21是用photoshop直接将RGB图像分色为CMYK图像的，从上图可看出，一张RGB模式的彩色图片分解成了Y（黄）、M（品红）、C（青）、K（黑）四个单色图片，如果将其用彩色打样机打印出来，就呈现出如图3-20右侧所示的单色样张了。

马大哈：将分色的四个样张输出印版时，在Y、M、C、K分色印版上看到的图文颜色与彩色单色样相同吗？

老　狼：各分色印版上的图文与单色样张上图文的颜色是不同的，一般印版上的图文呈现出深浅不同的灰色或深浅不同的蓝色，如图3-22所示。

马大哈：既然各分色印版上图文的颜色都是相同的，那怎样识别分色印版？

　　2.　怎样去识别分色印版？

老　狼：要识别各分色印版，首先要区分各分色印版的基本色与相反色，如图3-23所示：

图 3-22　分色印版上的图文颜色

色标 印版						
黄	相反色	相反色	基色	相反色	基色	基色
品红	相反色	基色	相反色	基色	相反色	基色
青	基色	相反色	相反色	基色	基色	相反色

图 3-23　各色版的基本色与相反色

老　狼：接下来我们看看图3-24的标准色标分解为黄色印版的效果图，来学会识别黄
　　　　色印版的基本特征。

马大哈：看了图3-24标准色标分解成的黄色单色样张和黄色印版的效果图，我发现：
　　　　黄色印版的**基色**都呈现在黄单色样张和黄印版上，但是黄印版的相反色和白
　　　　色却没有呈现出任何信息。对于黑色，黄色样张与黄印版都有呈现。

老　狼：你观察能力不错，我们再看看青色样张与青色印版的分色效果图，见图3-25。

马大哈：从图3-25可看出：青色印版的**基色**也都呈现在青单色样张和青印版上，但是
　　　　青印版的相反色也没有呈现。黑色在青色样张和青印版都有呈现。

老　狼：是的，品红分色样张与印版也是如此。现将标准色标分解成的四色单色样张
　　　　与印版的效果，集中呈现如图3-26所示。

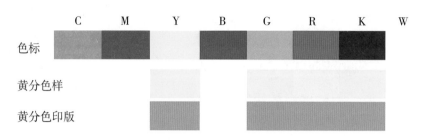

图 3-24　黄色样张与黄色印版特征

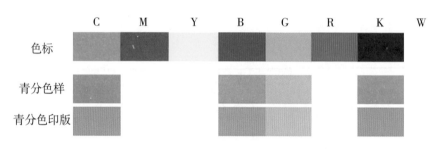

图 3-25　青分色样与分色印版效果图

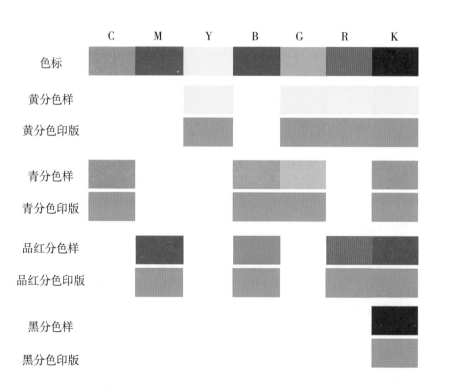

图 3-26　标准色标四色分色样及分色印版效果图

马大哈：从图3-26可看出：黄、品红、青三分色样张与印版，都呈现出其基本色，对应的黑色处也能呈现，但其对应的相反色都不会出现任何信息。黑分色样张与印版只在对应的黑色处呈现，其他颜色处均无信息。

老　狼：你分析得非常正确，知道了分色印版与样张的特征，对任何一张彩色图片的印刷复制，在分析原稿特性时，先找出画面中三原色黄、品红、青色与三间色红、绿、蓝色的位置，然后在印版上按照上述特征，就可区分各分色印版了。如果原稿在分色时，贴上了标准色标，就不需要我们寻找三原色与三间色的位置，区分印版就更加简便了。

项目训练：识别印版

看图3-27中的原稿和分色印版上的图像信息，确定A、B、C、D各为何色印版。

老　狼：首先分析图3-27中三原色和黑色出现的位置，然后再确定各色印版：

1. 确定黑版：图片中右边小女孩头发最黑，在分色印版中其对应的黑版量最大，看到的图文信息应最暗，依此确定D版为黑版。

图 3-27　分色印版识别

2. 确定黄版：图片中黄色含量最大的是中间高个小男孩穿的运动衫，其对应的黄版量最大，看到的图文信息应最深，依此可确定A为黄版。

3. 确定品红印版：图片中右边小女孩穿的红色裙子说明品红色的含量最大，对应的印版处应最暗，依次可确定B为品红版。

4. 确定青版：图片中左前边的小女孩穿着青、绿、蓝色条衫，说明青色含量最大，再结合蓝天中青色的含量也是较大的，可依此断定C版为青版。

马大哈：通过对照图片分析，基本掌握了区分印版的方法，但分色样张如何识别？

3. 怎样去识别分色样张？

（1）识别单色样张

老　狼：分色样张的识别比分色印版简单。彩色印刷复制是通过黄、品红、青、黑分色印版吸附油墨后叠印而成，我们先仔细观察图3-28的原稿与各单色样张。

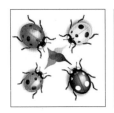  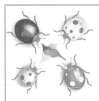 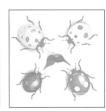 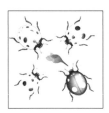

原稿　　　　　黄色样　　　　品红色样　　　　青色样　　　　黑色样

图3-28　分色单色样张

马大哈：从上图可以看出，单色样只有一种颜色，且原稿中黄、品红、青三原色量最大处，其单色样对应处的颜色最深，按此特点就可判定黄、品红和青色印样了。如图中右上角的动物是黄色，则其黄色样中黄应最深。原稿中的黑色处，每个色样都有，但是黑色样中对应处的黑色量最大。

（2）识别双色叠印样张

老　狼：你的观察分析能力不错，不过单色样的识别比较简单，下面我们再看看图3-29中的双色、三色和四色叠印样。

马大哈：图3-29中单色叠印黑色，使其单色变暗，但色相仍保持其单色的色相，如黄叠印黑时，画面中的色相仍是黄色，只是由于黑色的叠加，呈现出了不同明暗的黄色；青+黑、品红+黑也是如此。

老　狼：你真聪明，黑色分别与三原色的叠印时，只改变了画面中不同处颜色的明度，其色相仍为三原色相，但是原色之间的叠印，就要按色料减色混合规律进行分析（如图3-30所示），而寻找间色（红、绿、蓝）是判断双色样的基础。

从图3-29查找图片中既能看到两原的色相，又能体现出红、绿、蓝间色中某一间色的色相特征，结合二者信息，就可判断出双色叠印色样。如黄与品红叠印样中，可以找到品红色与黄色，且二者叠印出的"间色—红色"有呈现。

马大哈：三色叠印样与四色叠印样如何辨别？

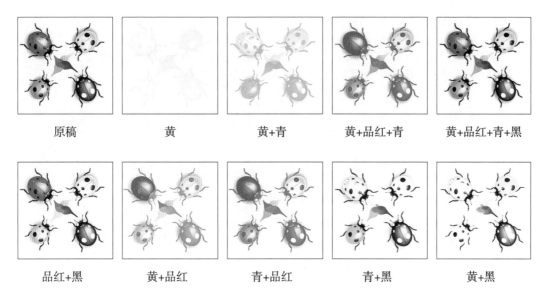

图 3-29　分色双色和多色样张

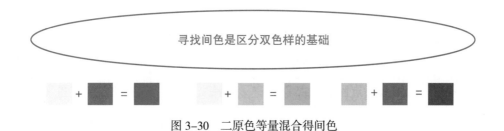

寻找间色是区分双色样的基础

图 3-30　二原色等量混合得间色

（3）识别三色与四色叠印样张？

老　狼：观察图3-29后发现，无论是三色叠印样张还是四色叠印样张，在样张内都能看到色料三原色黄、品红、青色，其不同之处如下所述：

> 三色样与四色样的区别：在暗调处三色样密度不够大，整体图像反差偏小，对比不够强烈、不够精神。

马大哈：也就是说区分三色样与四色样时，首先在图片中找出黄、品红、青三原色，接着寻找图片中最暗的部分，然后对比两张印样的效果。如果一张印样暗调处密度大，图片整体看起来比较精神，轮廓感强，那么这个样张就是四色样了。通过前面内容的学习，我基本上能识别印版与印样了。在实际印刷生产时，现在印刷公司一般选用什么分色工艺进行分色呢？

二、彩色印刷选用什么分色工艺，如何使用

老　狼：通过大量的实践研究，现在彩色印刷复制都采用四色复制工艺了，即将RGB的彩色原稿分解为Y、M、C、K四色印版进行印刷复制。

马大哈：在使用四色复制工艺时需要注意什么呢？

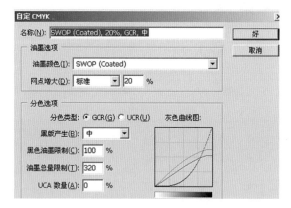

图3-31　分色参数设定

老　狼：对于已经定标扫描好的图片，将图片从RGB模式转换成CMYK四色复制模式时，我们以Photoshop软件为例，学习分色工艺的参数设定：打开PS中的颜色设置菜单，在弹出的颜色设置对话框的工作空间内的"CMYK"处选自定，则弹出图3-31所示的对话框，在对话框中确定如下参数：

① 确定油墨类型：在图中油墨颜色框内选定实际使用的油墨；

② 确定网点扩大值：针对不同印刷机、不同纸张选用不同扩大量。一般铜版纸胶印网点扩大量不超过15%，控制较好的可以设定为12%或10%。

③ 选择分色类型：指分色时采用UCR还是GCR工艺。现在一般产品的印刷复制选用GCR（灰成分替代）工艺。选用GCR时，必须配合使用黑版生成和UCA（底色增益）。

④ 黑版生成参数设定：要根据原稿特点确定，图3-32和图3-33为选用较少和较多黑版生成时的不同分色曲线。

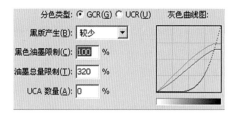

图3-32　GCR较少黑版

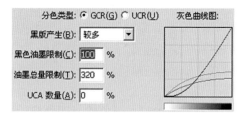

图3-33　GCR较多黑版

a. 短调黑版的使用：短调黑版又称为轮廓黑版或骨架黑版，一般用在图像的中、暗调部分。主要起到突出轮廓、增大图像反差的作用。适合色彩明快、颜色鲜艳、整个画面中黑色较少的彩色图片印刷复制，图3-34为色彩明快的水彩画采用短调黑版分色工艺的样图。

b. 中调黑版的使用：中调黑版又名线性黑版，当图片中黑色量占总面积的比例接近50%时使用，适合所有正常阶调的图像复制，如图3-35所示。

图 3-34　短调黑版的应用

图 3-35　中调黑版的应用

c．长调黑版的使用：长调黑版又称全阶调黑版，当图片以黑为主，以色为辅，消色占到图片总面积的80%左右时选用，如图3-36所示。

⑤ UCA参数设定：如果图像暗调层次特别丰富，可设定UCA（底色增益：强调暗调的细微层次，适当增加暗调处YMC的网点数）UCA增益量的大小取决于GCR的替代量，以色彩为主的及暗调色彩丰富的原稿，UCA值应高些，黑色油墨设定越大，其增益量也应随之提高。一般在黑版最高网点面积70%时，UCA使用量应为10%~15%，黑版网点面积80%时，UCA使用量20%~30%。如果图像暗调层次一般，则UCA不用。

⑥ 选用UCR（底色去除）工艺：则黑版生成与UCA被屏蔽掉，不能选用。只能设定油墨总量和黑版限制参数，现在一般较少使用UCR工艺。

⑦ 油墨总量：一般高档产品设为320%~360%，报纸设为240% ~ 260%。

⑧ 黑版油墨限制：一般高档产品设为90%，报纸设为85%。

图 3-36　长调黑版的应用

马大哈：前面提到GCR与UCR，为什么会有这两种工艺？其产生的依据是什么？

三、什么是灰平衡，灰平衡有何规律

老　狼：UCR与GCR产生的依据是灰平衡。一张灰色的梯尺原稿，如果用Y+M+C叠印复制时，其分色样的状况如图3-37所示。

老　狼：图3-37可以看出，梯尺中的每一级灰色，用Y+M+C去叠印呈现时，Y、M、C必须要以特定的网点比例才能叠印出灰色，这种比例关系即为灰平衡关系。

图 3-37　灰平衡

马大哈：也就是说：灰平衡是指Y、M、C三原色油墨按一定比例混合后得到中性灰色时的这种比例关系。

老　狼：是的，在彩色印刷复制中，灰平衡从整体上控制图像的颜色再现，如果灰平衡控制不好，印刷品就会出现整体偏色，如图3-38所示：

老　狼：从图3-38可看出，将灰梯尺拼在彩色图片下方一并印出，有助于判断彩色印刷复制品整体是否偏色。虽然不同纸张、不同油墨在印刷过程中灰平衡关系都不相同，但是从世界各国油墨的实际印刷效果来看，还是有一定规律可循的。一般来说不论是高光还是暗调区域，达到灰平衡时，青色油墨量都是最大的，黄和品红比较接近，具体规律见表3-1。

A 正常　　B 偏品红　　C 偏黄　　D 偏青

图 3-38　灰平衡影响图像整体颜色再现

表 3-1	不同阶调处灰平衡青的超出量（网点百分数）				
阶调	高光	1/4 阶调	中间调	3/4 阶调	暗调
多出的青	2% ~ 3%	7% ~ 10%	12% ~ 15%	8% ~ 12%	7% ~ 10%

马大哈：那就是说，在实际分色定标时，要按此比例设定黄、品红、青的关系了。

老　狼：严格来讲，各个印刷公司都要进行灰平衡关系的测试，再按测试出的灰平衡数据关系进行控制，如果没进行灰平衡测试，按此规律也能达到一定的效果。

马大哈：前面提到UCR与GCR工艺，为何要研发出此两种工艺？它们有何区别？

四、UCR与GCR产生的原因，各有何特点

老　狼：UCR与GCR产生的直接动力是多色高速印刷的需要。随着胶印机色组的增多，印刷速度的不断提高，传统的三色版加黑版的印刷复制（即以三原色版为主，黑版为辅）工艺显露出了许多弊端，如：暗调处因叠印墨量过大，网点变形严重；由于油墨量过多，干燥不彻底，易出现背面粘脏，糊版和印刷表面擦伤；由于三原色油墨量过大，控制不稳易导致颜色波动；因墨量过多，网点变形而导致阶调层次损失严重等问题。为了尽可能地消除这些弊端，推出了底色去除（UCR）与灰成分替代（GCR）工艺。

马大哈：底色去除（UCR）工艺有何特点？

老　狼：（1）底色去除（UCR）：是部分去除暗调区域灰色成分的彩色油墨，而用黑色油墨来替代的一种分色技术。其原理如图3-39、图3-40和图3-41所示：

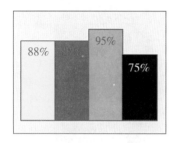

图 3-39　底色不去除

总墨量=88+88+95+75=346%

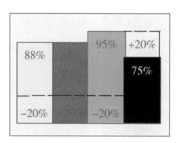

图 3-40　底色去除 20%

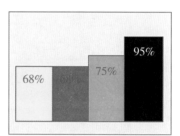

图 3-41　底色去除 20% 后

总墨量=88+88+95+75=306%

马大哈：图3-41中看出暗调处的总墨量减少了40%，这样去除后有什么好处？

老　狼：去除后的优点如下：a. 可以加快油墨干燥，减少印品黏脏、提高印刷适性，改善叠印效果；b. 因减少三原色墨量，黑墨量的增大有助于稳定中性灰；c. 增加密度再现和暗调区域的细微层次；d. 节省彩墨，降低成本。

马大哈：实际生产中一般去除量为多少？

老　狼：一般去除量在20%~30%之间，并且只局限在暗调区域。一般在多色高速印刷中，印刷适性良好的暗调部位油墨最大叠面积达到270%左右，超过此值就应使用底色去除（UCR）或灰成分替代（GCR）工艺。

马大哈：灰成分替代（GCR）工艺有何特点？

老　狼：（2）灰成分替代：是指将原稿中从亮调到暗调的复色中三原色叠印的灰成分全部去除，用增加黑版墨量的方法来补偿。亦称为"两色加黑"工艺。

　　　　图3-42~图3-47为灰成分替代示意图：

　　　　从以上图中可看出，将三原色等量的部分全部去除，并用增加适量的黑墨来替代去除的部分。

马大哈：灰成分替代工艺主要特点是什么？

老　狼：特点如下：a. 灰成分替代工艺以黑版为主，三原色版为辅；b. 黑版为真正的全阶调版，即网点从0~100%都有；c. 灰成分的替代范围是全阶调的；d. 最大限度地减少墨量，墨层干燥迅速，有利于多色高速印刷；e. 黑墨代替彩墨，油墨成本大大降低。

　　　　（3）UCR与GCR分色效果对比

老　狼：通过仔细查看和对比图3-48与图3-49的分色样张，可以发现：UCR分色工艺中的黑版主要体现在图片中的深暗之处，而GCR分色工艺中的黑版不仅存在于暗调处，还扩展到了中、亮调处，且黑版的量也较UCR大。而黄、品

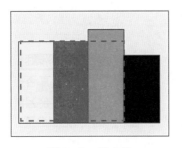

图 3-42　无去除

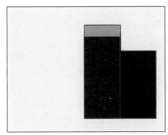

图 3-43　等量为黑

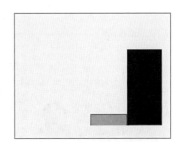

图 3-44　全部去除

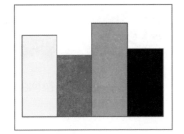

图 3-45　无去除

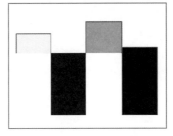

图 3-46　等量为黑

图 3-47　全部去除

图 3-48　底色去除工艺（UCR）分色效果图

　　红、青三原色量UCR分色工艺反而比GCR分色工艺中的大，即GUR分色工艺中的彩色墨量明显减少，而黑墨量有较大的增加，从而确保了多色印刷能以较少的彩色油墨+相对多些的黑色油墨进行印刷，使总墨量减少，有利于多色、高速印刷实现，有利于降低成本、提高油墨印刷适性和彩色印刷产品的质量。

　　马大哈：选定了分色工艺，并设定好相关参数后，在输出印版时还要做什么？

图 3-49　灰成份替代工艺（GCR）分色效果图

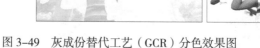

老　狼：印刷是利用人眼视觉空间混合原理"即空间两点的距离小于0.073mm时，人眼不能分辨，而视其为一点"这一特点。通过使用很小的网点传递不同颜色的油墨，进行混色而成的，如图3-50所示。因此，在输出印版时还需要选定网点的类型、设定网点的参数，如图3-51所示。

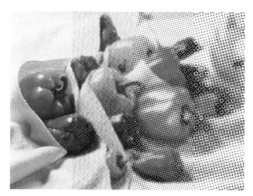
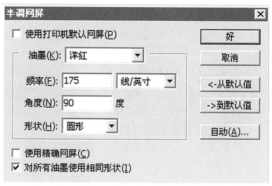

图 3-50　网点的作用　　　　　　图 3-51　网点参数确定

五、网点的作用、类别与选择

老　狼：① 网点作用：网点是表现图像阶调与颜色的最基本单元，它起着组织颜色与阶调的作用，在印刷过程中是传递彩色油墨的最小单位。如图3-52和图3-53所示。

② 网点类型：网点可分为调幅网点、调频网点二种，其特点分述如下：

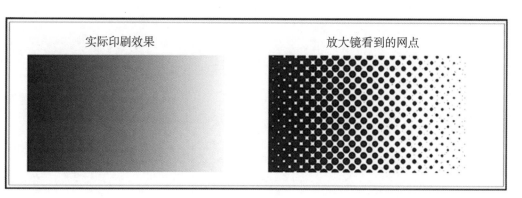

实际印刷效果   放大镜看到的网点

图 3-52   网点表现阶调

A. 调幅网点

① **基本特点：** 单位面积内网点的大小可变，但方向不变，通过大小不同的网点面积传递不同量的油墨去再现图像的浓淡深浅色调，如图3-54所示。

② **网角：** 是指网点中心连线同水平线之间的夹角，如图3-55所示。

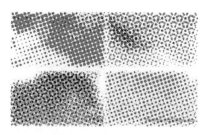

图 3-53   网点组织颜色

③ **网点的角度差：** 两种或两种以上不同角度的网点套在一起时，各自网点中心连线之间的夹角称为网点的角度差。由于网角差的存在导致产生莫尔纹，影响图像整体美观，如图3-56所示。当两种网点之间的角度差为30度时，产生的莫尔纹较为美观，其他角度差所产生的莫尔纹都会降低图像的美观度。为了尽可能降低莫尔纹的影响，一般将图像主色调网角设为45度（45度人眼感觉最好），黄色设定为90度（90度人眼看起来显得呆板，效果最差，一般给弱色），其他两色设为15度或75度。但当超过四色时龟纹加重将不可避免，从而影响印刷复制效果。

④ **网点的大小：** 是指在每一单元网格中能接受油墨的面积占单元面积的百分比。如图3-57所示。网点大小一般用百分数表示，习惯上也用成数表示，如50%的网点也可称为5成网点。图3-58为大小不同网点的对比，只要留心观察记忆，很快你看到网点时就能判断其大小了。

圆形网点   椭圆形网点

图 3-54   调幅网点

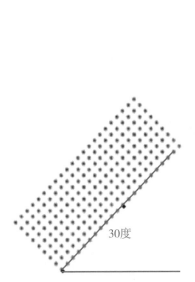

图 3-55　网点角度

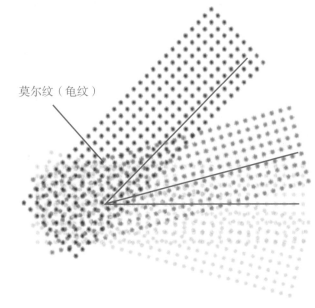

莫尔纹（龟纹）

图 3-56　网角差

$$网点大小= \frac{实际网点面积}{单元网点面积} \times 100\%$$

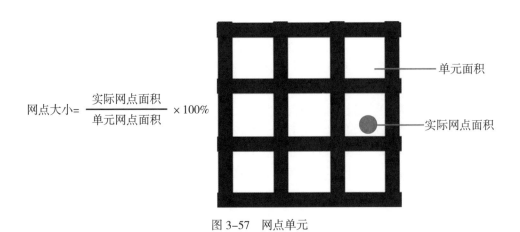

单元面积

实际网点面积

图 3-57　网点单元

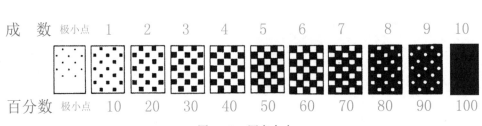

图 3-58　网点大小

老　狼：⑤ **网点线数**：是指单位长度内的加网线数。因为网点线数影响印刷品的清晰度、分辨率及印品层次的再现能力，网点细，印品清晰度高、还原层次能力强，如图3-59所示。但也不是越细就越好，因为网点过小，印刷时网点增大也越多，从而导致阶调层次损失严重。

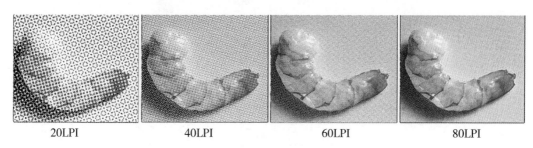

20LPI　　　40LPI　　　60LPI　　　80LPI

图 3-59　网点大小

实际印刷生产中，一般加网线数与产品类别及图像分辨率的关系，如表3-2所示：

表 3-2　　加网线数与产品类别及图像分辨率关系

印刷类别		加网线数 / lpi	对应分辨率 / dpi
胶版纸	报纸	80~100	160~200
	单色杂志	100、133、150	200、266、300
	彩色杂志、彩色宣传品	133、150	266、300
铜版纸	一般印刷品	150、175	300、350
	精美印刷品（邮票、纸币）	200	400

⑥ **网点形状**：是指单个网点的几何形状。主要有方形、圆形、菱形等。此外还有一些表达特殊艺术效果的网点，如波纹形、同心圆形等。图3-60所示为常见的网点形状。

马大哈：在选用网点形状时要注意什么？

老　狼：我们先看图3-61，三种常用网点形状在印刷时，其网点扩大变形是不同的。

　　a. **方形网点**：在50%处网点变化呈跳跃状，使中间调层次的过渡性差、阶调再现不柔和，因此，方形网点不适合中间调层次丰富的原稿印刷。

　　b. **菱形网点**：印刷时网点在35%处与65%处才出现较小跳跃，避开了中间调网点较大的变化，减弱了密度跃升的程度，对于以中间调为主的人物和风景图片，特别适合，是目前使用较为普遍的一种网点形状。

　　c. **圆形网点**：印刷时在70%网点处出现较大跳跃，易使暗调层次并级、糊版。因此，适合于以高、中调为主的原稿印刷复制。

方形网点

圆形网点

菱形网点（钻石网点）

图 3-60　常用网点形状

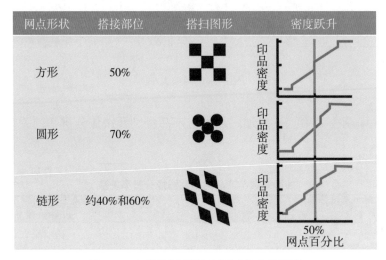

图 3-61　不同网点形状印刷时的变化情况

老　狼：**B. 调频网点**

　　① **基本特点**：单位面积内网点的大小一定，但方向随机变化。通过网点的疏密反映图像密度的大小，如图3-62所示。调频网点又可分为两类：一次性调频网点和二次性调频网点。

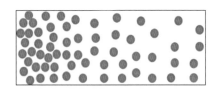

图 3-62　调频网点

　　② **一次性调频网点**：不存在网角，且每个网点大小相同，只是出现的机会是随机的，从而避免了龟纹的产生，有利于高保真彩色的复制；但由于网点排列不规则，局部易产生线条和跳棋状结构，导致局部油墨堆积，如图3-63所示。

　　③ **二次性调频网点（混合网点）**：综合调幅网和调频网优点于一身的一种加网技术。网点排列规则、半色调结构更加稳定，减少了颗粒、网点扩大和中间调油墨堆积现象。如调幅网点高调处网点易丢失，暗调处网点易扩大导致网点并级，但当采用第二次调频加网技术（混合加网技术）：即对0～8%和92%～100%网点用调频网点代替，而中间调区域用调幅加网技术，如图3-64所示。

老　狼：此种混合加网技术既保证了高调网点不丢，暗调网点不并，同时也保证了中间调层次的较好再现，并有效地避免了莫尔纹的产生。图3-65是三种不同加网技术的效果对比。图3-66和图3-67是调幅网与混合加网技术应用的对比效果图。

马大哈：实际加网输出印版时，要注意什么？

老　狼：如果使用的是调幅加网技术，除了按前面所述的各项要求设定参数外，需要引起重视的是网角的设定：一定要将主色调定为45度角。调频网则不存在网角问题，也不存在网线数的选择，因其网点很小，每个网点的直径约为$14\sim21\mu m$，相当于调幅网点加网80线/cm或41线/cm的1%的网点，因此调频加网特别适合高精细产品的加网印刷复制。

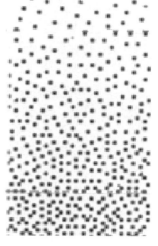

图 3-63　一次性调频网点

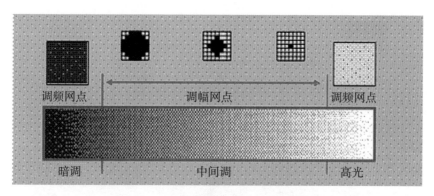

调频网点　　　　　　　　调幅网点　　　　　　调频网点

暗调　　　　　　　　　中间调　　　　　　　高光

图 3-64　混合加网技术（第二次调频加网）

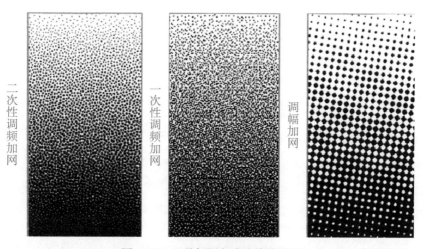

二次性调频加网　　　一次性调频加网　　　调幅加网

图 3-65　三种加网方式的效果对比

但调频网点对印刷生产的要求也比较高，如印刷压力控制、水墨平衡控制，油墨密度控制，网点增大控制、印版线性化补偿等都有较高的要求，从实际生产情况来看，现在大部分印刷品使用的是调幅加网技术。

调幅加网　　　　　　二次调频加网

图 3-66　调幅网与混合加网技术的效果对比

马大哈：现在市场上有哪些较为成熟的调频加网产品？

老　狼：得到客户认可，并取得较好加网效果的有：网屏的视必达（Spekta）、克里奥的视方佳（Staccato）、海德堡的Stain Screening和爱克发的晶华混合（Sublima）加网产品，这些产品已得到较好的推广应用，为提高产品质量和档次起到了非常重要的作用。

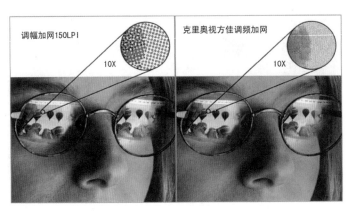

图 3-67　调幅网与视方佳调频网效果对比

知识归纳

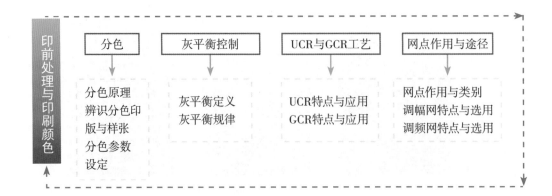

学习评价

自我评价

是否对印前处理的主要参数对印刷颜色影响有了清晰的认识?　　□ 是　　□ 否

能否区分 UCR 与 GCR 的特点?　　□ 能　　□ 否

小组评价

是否能辨识分色印版?　　□ 是　　□ 否

能根据原稿色调特点正确设定调幅网点的网角?　　□ 能　　□ 否

学习拓展

在网络上查找分色参数设定与加网技术的相关信息。

训练区

一．知识训练

（一）填空题

1. 从印刷复制角度而言，彩色原稿分解成_____、_____、_____、_____的过程称为分色。

2. 黄印版的基本色是_____、_____、_____相反色是_____、_____、_____。

3. 灰平衡是Y、M、C三原色油墨按一定比例混合后得到中性灰色时的_____关系。

4. 网点类型可分为_____和_____网。

（二）单选题

1. （　　）色应呈现在阳图型青分色PS版（　　）上。

（A）青　　　　　（B）红　　　　　（C）黄色　　　　　（D）品红色

2. 调幅网点的大小（　　），方向（　　）。

（A）可变、不变　　（B）不变、可变　　（C）可变、可变　　（D）不变、不变

3. 旅游景点宣传册印刷，分色时采用调幅加网，其（　　）版要用45度网角。

（A）黑　　　　　（B）黄　　　　　（C）青　　　　　（D）品红

（三）名词解释

1. 分色；2. 灰平衡；3. UCR与GCR

二、能力训练

1. 辨识印版：观看下列图片中彩色原稿与对应的分色印版特征，依据对代表性颜色的分析和判断，直接在印版下边的字母旁，标明黄（Y）、品红（M）、青（C）、黑（K）。

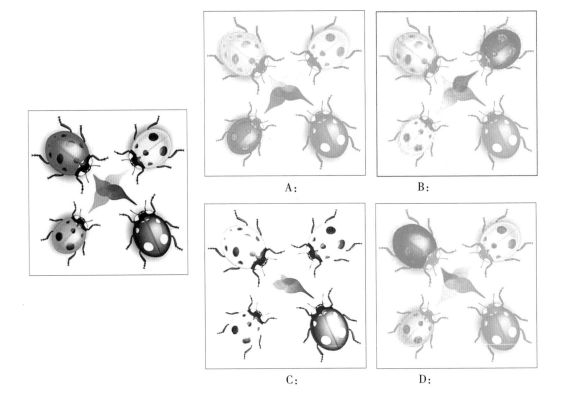

A：

B：

C：

D：

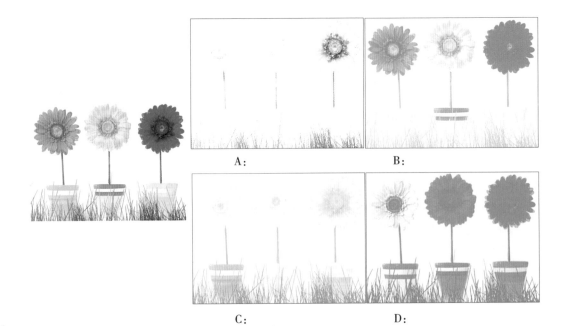

A：

B：

C：

D：

2. 辨识色样：观察下列图片，结合原稿颜色特点，在每张图片下面的"英文字母"右边填写色样的名称。如黄（Y）单色样或黄+品红（Y+M）双色样。

3. 调幅网点角度安排：观察下列三张原稿图片及对应的分色印版信息，分析原稿的颜色特点，在原稿三的图片下方的表格内，填写图片的主色、次要色，并确定各色印版的加网色度。

原稿一

原稿二

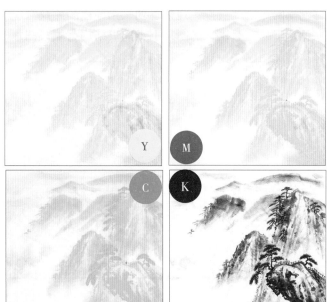

原稿三

特性与加网 原稿	主色	次色	黄色 加网角度	品红色 加网角度	青色 加网角度	黑色 加网角度
原稿 1						
原稿 2						
原稿 3						

4. 确定分色工艺、设定分色参数：根据下列三张原稿图片特点，在Photoshop中，选定分色工艺，并设定相关的分色参数。

原稿1   原稿2   原稿3

三、课后活动

观察分析彩色图片分解成Y、M、C、K四色印版上的图文效果，并学会辨别；利用互联网查找分色与印刷颜色复制关系的相关内容。

四、职业活动

在小组内结合彩色原稿与分色印版进行比较、分析判断和交流，并列举出自己在互联网络上查找到的不同类别原稿的分色参数的设定案例。

学习任务 3　印刷生产与印刷品颜色的关系

（建议 5 学时）

学习任务描述

彩色图片经过加网分色制成印版后，就可上机印刷了。在印刷过程中，选用不同纸张、油墨，使用不同印刷机，以及印刷机的不同调控状态，都将直接影响印刷品的颜色。产品印好后，在印后处理环节，采用不同的表面处理工艺，也会对最后的印刷成品颜色造成一定的影响。本任务针对影响印品颜色的纸张和油墨性能、印刷机的控制状态以及印后处理的不同工艺展开学习。通过问题引导、图文并茂、对话交流与实践体验的方式，来掌握纸张和油墨的特性、印机控制状态和印后处理要点。

重点：纸张和油墨的颜色特性

难点：印刷机的控制状态

引导问题

1. 与印刷品颜色直接相关的油墨特性有哪些？其对印刷品颜色有何影响？

2. 与印刷品颜色直接相关的纸张特性有哪些？其对印刷品颜色有何影响？

3. 印刷过程控制的指标有哪些？分别对印刷品颜色有何影响？

4. 确定印刷色序的原则有哪些？影响印品颜色的印后工艺有哪些？

5. 印刷品颜色有何特点？

马大哈：印刷复制是通过印版和印刷机将油墨印刷在纸张上去实现客户需求的，那么油墨和纸张对印刷品的颜色复制有何影响？

一、油墨特性对印刷品颜色有何影响

1. 影响印刷品颜色的油墨特性有哪些？

老　狼：彩色印刷品的颜色是油墨产生的，对印刷品颜色产生直接影响的油墨特性主
要有：颜色质量、着色力、透明度、细度和颜色的稳定性等。

2. 油墨特性对印品颜色的影响有哪些？

（1）油墨颜色质量的影响

① 油墨的光谱特性：理想的油墨应吸收1/3的色光，反射2/3的色光，且被反
射的两个1/3的光谱应具有互相平衡的比率，但实际生产的油墨达不到这一要
求，如图3-68所示。从而导致油墨的饱和度降低，色相不标准及产生一定的
色彩含灰量等缺陷。

图3-68中实线为实际油墨分光曲线，虚线为理想油墨分光曲线。

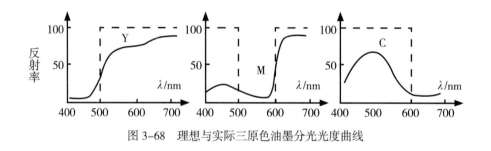

图 3-68　理想与实际三原色油墨分光光度曲线

② 油墨颜色质量的评价：国内外印刷业广泛采用GATF（美国印刷技术基金
会）推荐的四个参数（色强度、灰度、色相误差和色效率）来评价油墨的颜
色质量。

A．色强度：又名色浓度，是表
示油墨对色光选择性吸收能力的
参数，即原色墨在补色滤色片下
测得的反射色密度值，一般用D_h
表示，如图3-69所示：

从图3-69中可看出青色墨的色强
度最大，为1.63，而黄色墨的色
强度只有1.15，为最小。

滤色镜密度值　油墨	R	G	B
Y	0.03	0.09	1.15
M	0.16	1.41	0.69
C	1.63	0.55	0.18

图 3-69　色强度

马大哈：色强度对印刷品的颜色有什么影响？

老　狼：色强度决定油墨颜色的彩度即饱和度，如果色强度值越大，其颜色越鲜艳夺
目，强度越小，颜色饱和度越低，如图3-70和图3-71所示；其次还影响间色
和复色色相的准确性及灰平衡。因为两原色混合时得到间色，但是由于各自
的色强度不同，等量混合时其色相肯定偏向色强度大的原色墨了，若三原色
等量混合时，也会因各自强度不同而影响灰平衡了。

图 3-70　色强度大、颜色鲜艳

图 3-71　色强度小、饱和度低

B．灰度：表示原色油墨中含有灰成分的量，用百分率表示，如图3-72。

灰度的计算公式为：

灰度＝（最小密度/最大密度）×100%

　　　＝（D_l/D_h）×100%

　　　＝（0.16/1.41）×100%

　　　＝11.13%

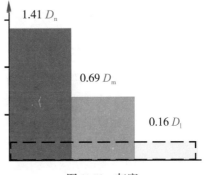

图 3-72　灰度

马大哈：灰度对印刷色彩的影响是什么？

老　狼：灰度降低了油墨的饱和度与明度，并随着墨层厚度的增加其绝对含灰量相应增加，印出的图片颜色灰暗，饱和度下降，如图3-73和图3-74所示，但不会影响颜色的色相。

C．色相误差：又称色偏，是表示原色墨中含其他颜色成分所造成色相变化程度的量，用百分率表示。其计算公式为：

色相偏差率＝（D_m-D_l）/（D_h-D_l）×100%，如以图3-72所示的数据，用油墨密度计算品红墨的色相偏差率，则为：

$$色相偏差率＝（0.69-0.16）/（1.41-0.16）×100%=42.4%$$

图 3-73　灰度小、颜色鲜艳

图 3-74　灰度大、颜色灰暗

如图3-75所示，色相偏差的产生，是由于多出的青与相应的量的品红混合产生出少量的蓝色，从而使最品红色油墨偏蓝了。

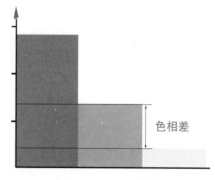

图 3-75　色相偏差

马大哈：色偏怎样影响印刷色彩？

老　狼：色相偏差制约着各种色墨的混合比例及色相和灰平衡再现的准确性。

　　　　D．色效率：是综合反映油墨选择性吸收和反射能力大小的参数，用百分率表示。其计算公式为：

色效率$=[1-(D_m+D_l)/2D_h]\times 100\%$。

仍以图3-72所示的油墨密度数据为基础，则品红墨的色效率为：

$$色效率=[1-(0.69+0.16)/(2\times 1.41)]\times 100\%=69.9\%。$$

马大哈：色效率对印刷品色彩的影响体现在哪些方面？

老　狼：色效率表现在其混合色调上具有的颜色饱和程度，表达了颜色的混色强度，制约颜色混合的色彩平衡和灰平衡，色效率越高，表明油墨的颜色性能越好。

项目训练：油墨实地密度的测定

一、训练目的：

学会使用密度计测量油墨的密度，并计算出油墨的色偏、灰度和色效率。通过测量和计算能对油墨的颜色质量进行评价。

二、训练过程：

（一）测量仪器的校准

1．预热：提前打开仪器预热，使仪器达到稳定状态。

2．校白：测量与仪器配套的标准白板，使仪器的输出值与标准值一致。

（二）测量实地密度（色强度）

① 选取测量功能：密度；② 选取密度标准：ANSIT；③ 选取基准白：PAP；④ 黑纸作衬垫；⑤ 测量纸张白；⑥ 测量实地区密度；⑦ 记录显示的密度值。

（三）填表（见下表：油墨密度测定表）

油墨颜色质量测量表			
油墨颜色 密度值 滤色片	C	M	Y
R			
G			
B			

（四）计算

1. 灰度、（最小密度/最大密度）×100%
2. 色相误差、$[(D_m-D_l)/(D_h-D_l)×100\%]$
3. 色效率、$[1-(D_m+D_l)/2D_h]×100\%$

（五）反思与提高

马大哈：除了油墨的颜色属性对印刷品的颜色再现产生影响外，还有其他影响因素吗？

（2）油墨其他性能的影响

老　狼：① 油墨的着色力：着色力是指每克被测色墨和每克标准色墨被冲淡到同一彩度时，被测色墨所耗冲淡白墨的克数占标准油墨所用的墨量的比例。其计算公式为：

$$着色力=\frac{被测色墨耗用白墨量（g）}{标准油墨耗用白墨量（g）}×100\%$$

老　狼：一般在生产油墨时，颜料的含量高，分散度大，着色力强；反之，着色力弱。着色力强，印刷时所需墨层要求薄，用墨量少；反之，用墨量多。

马大哈：认识油墨的着色力有何意义？

老　狼：掌握着色力可预测达到相应颜色要求时所需网点面积、墨层厚度以及用墨量和成本。

② 油墨的透明度：油墨使底色显现的程度称为透明度。用遮盖单位面积至不显现底色时所需油墨量来表示，单位采用g/cm^2，其数字越大，该油墨的透明度越大。

马大哈：实际生产中，怎样选用不同透明度的油墨？

老　狼：应据不同产品的要求和不同承印材料的特性选用不同透明度的油墨。如牛皮纸、有色纸、金属表面和纺织品等承印物就应选用透明度差、遮盖力强的油墨印刷；而用白纸及主要靠原色墨叠的印刷品就应使用透明度高的油墨印刷。

③ 油墨的细度：是指油墨中颜料颗粒的粗细程度。颜料颗粒越小，在连接料中的分散度就越高，油墨细度越小。反之，油墨细度越高。

马大哈：油墨细度对印刷品颜色的影响是什么？

老　狼：油墨细度大，印刷时网点发毛、易扩张变形，导致印品颜色不均匀；油墨细度小，印品网点饱满有力、着色力高；如果印刷网线越细，应选用细度小的油墨；如果印刷粗网线产品，则对细度要求不高，选用细度高些的油墨则影响也不大。

国家标准规定胶印亮光油墨细度≤15μm

④ 油墨颜色的稳定性：是指油墨在印刷过程中及印刷品使用过程中不发生颜色变化的性质。包括化学稳定性和耐光性。

化学稳定性：是指遇酸、碱、水、醇和高温等条件时，油墨不发生化学变化，不褪色、不变色的能力。如胶印中使用偏酸性的润版液，所有的油墨应具有耐酸性和抗水性；如采用乙醇润版液时需要油墨具有耐醇性；如印铁和印刷品上光与覆膜需在高温下进行，此时需要油墨具有耐热性。化学稳定性分为5级，1级最差，5级最稳定。

耐光性：是指在长时间的光照下，保持油墨颜料不变色的能力。实际上，在长时间的日光照射下，所有油墨的颜色都有不同程度的变化。

有机颜料油墨见光颜色会逐渐变浅；无机颜料油墨见光颜色会逐渐变暗。

耐光性分为5级：1级为变色严重，5级耐光性最好。

因此，应根据印刷工艺条件及印刷品的用途选择不同稳定性的油墨。

马大哈：大部分印刷品都是在纸张上进行印刷的，纸张的哪些性能对印刷品的颜色会造成影响？

二、纸张性能对印刷品颜色有何影响

老　狼：影响印刷品颜色质量的纸张性能主要有白度、平滑度、光泽度与吸收性等方面。

（1）纸张白度的影响

白度：是指纸张受光照射后全面反射的能力，用白光的反射百分率表示。

国家标准规定铜版纸白度不小于85%

影响：白度高，色彩鲜艳、阶调层次反差强烈、光线立体感强；反之，色彩和阶调灰平。

（2）纸张平滑度的影响

平滑度：是指纸张表面平整、均匀和光滑的程度。

影响：平滑度高，油墨转移率高且稳定，油墨密度大，印刷的网点实、光泽性好、颜色鲜艳明快、层次丰富；反之，墨层光泽性差，颜色彩度低，层次表现差。

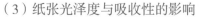

（3）纸张光泽度与吸收性的影响

① 光泽度：是指纸张表面的镜面反射程度，用百分率表示。铜版纸不小于55%。

影响：纸张表面光泽度越高，印品墨层表面光泽度就越高，颜色彩度越高。

② 吸收性：是指纸张对油墨中连接料及其溶剂的吸收程度。

影响：吸收性过强，颜料颗粒得不到保护，颜色暗淡无光。一般60～70s，精致产品时间长一些。

③ 表面效率：人们将由于纸张的吸收性和光泽度而影响油墨颜色效果的综合效应称为表面效率，用百分率表示，常用PSE（%）表示。

影响：表面效率高，油墨色强度大，而色偏和灰度小；反之，则反。

> 纸张表面效率是研究油墨在纸张表面呈现颜色效果极为重要的印刷适性之一。

老　狼：印刷厂应根据造成纸厂提供的纸张性能参数，进行纸张与油墨品种的选择，并控制好实地密度、网点扩大、水墨平衡等，以达到最佳色彩复制效果。

马大哈：我知道现在的印刷品都是经过多色印刷而成，在印刷过程中，先印某一色与后印某一色时，其对印刷品的颜色有无影响呢？

三、印刷色序对印刷品颜色有何影响

老　狼：你所说的是印刷色序与印刷品颜色的关系问题。印刷色序：是指在彩色印刷过程中各色版套印在承印物上的颜色顺序称为套色顺序，亦称为印刷色序。如图3-76所示的四色印刷机色序示意图。同一个产品，在其他条件都不改变时，若只改变印刷色序，其所印刷的颜色效果也会有很大的差异，具体如下：

老　狼：（1）色序与印刷品质量

① 最大密度不同：如以常用的YMCK四色印刷为例，其他印刷条件不变，当第一色印K版时，四色印刷后的最大密度只能达到1.9左右，而最后一色印K版时，四色叠印后的密度可达2.0以上。

② 颜色效果不同：在YMCK四色印刷过程中，如果先印青后印黄得到的绿色鲜艳纯净；如先印黄后印青得到的绿色不够鲜艳；第一色印黄比最后印黄褪色要轻。有时在印刷过程中因色序安排不当直接造成串色、叠印不上或逆向叠印等故障。这说明色序对保证印刷品的颜色质量非常重要。

马大哈：既然色序对颜色质量十分重要，应怎样确定色序？

老　狼：（2）确定色序的原则

① 依据原稿的颜色特点确定色序：由于油墨达不到100%的透明，在多色印刷

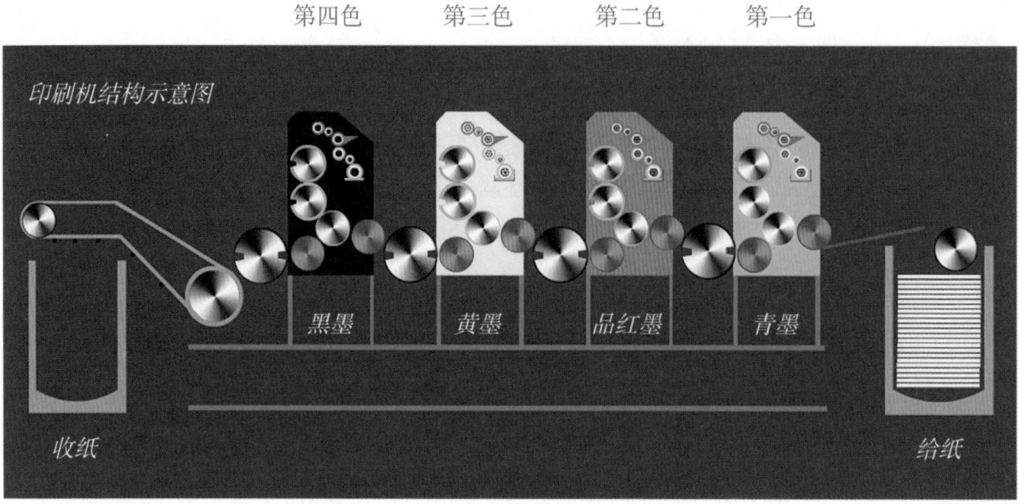

图 3-76　四色印刷机印刷色序安排

过程中，后印油墨的颜色会一定程度地遮盖先印油墨颜色，降低先印色油墨的鲜艳度和强度，因此，在安排色序时，应把原稿的主色调颜色放在后面印刷，如图3-77a和图3-77b所示。

马大哈：可以这样理解吗？把主色调的色版放在后面印刷，有利于突出主色，体现原稿色调特征。否则，原稿的主色调将受到后印色的遮盖而削减主色调的效果。

老　狼：是的，但对于原稿为中性色，如以墨为主，以色为辅的国画等原稿，因为黑色为主色调，因此安排印刷色序时，应把黑版放在最后印刷。如图3-78所示。

②依据印刷机的套准性确定色序：印刷机的套准性，对彩色图像的清晰度及颜色阶调的表现十分重要。在四色印刷中主色调中的强色版套准性最重要；在多数情况下C和M的套准性最重要；Y版因为是弱色套准性要求稍低；K版虽然因现在普遍使用灰成分替代工艺而成为重要色版，但因其常在中暗调部位占比例较大，而人眼的视觉特性是对亮调处颜色阶调的套准性最为敏感，因此K版在套准要求上与Y版相同。在实际生产中应根据不同机型印刷时的套准性特点安排色序。

単色机：先印K、Y版，后印C、M版。双色机：先印重要的两色，后印次要的色版。四色机：最重要的色用2、3号滚筒印，即采用K、C、M、Y色序。

暖色调原稿：先印黑、青，后印品红和黄色

图 3-77a 暖色调原稿印刷色序

冷色调原稿：先印黑、品红，后印青色和黄色

图 3-77b 冷色调原稿印刷色序

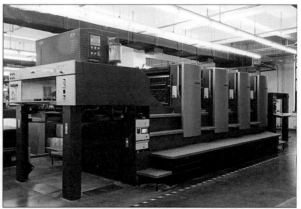

中性色调原稿：先印黄、品红，后印青色和黑色

图 3-78 中性色调原稿印刷色序

老　狼：③ 依据油墨性能确定色序

  a. 透明度：**透明度差的先印**；（透明度由大到小的顺序：Y>M>C>K）。

  b. 黏度：**黏度大的先印**。

  c. 墨层厚度：**墨层薄的先印**（从薄到厚的顺序为K、C、M、Y）。

  d. 稳定性：**稳定性差的先印**；Y、M耐光性差，如印宣传画应先印。

马大哈：不同纸张对印刷油墨的颜色再现也有直接影响，安排色序时，是否还要考虑到纸张的特性？

老　狼：④ 依据纸张性能确定色序

  a. 白度：白度差时，**Y先印**可弥补白度不足的影响。

  b. 平滑度：平滑度低，纤维松散，吸收性强时，**先印Y打底**，防止后续墨渗入纸张孔隙内，减少对颜色混合效果的影响。

  如果纸张的白度、平滑度和吸收性理想时可以不用考虑纸张因素对色序的影响。

> **目前国内常用色序**：单色机：Y、M、C、K（称为正色序）；双色机：Y-K、M-C；四色机：K、C、M、Y（称为反色序）。

  在安排色序时，各个工厂应根据原稿特点，本厂印刷条件和纸张油墨特性确定印刷色序。所有产品都固定使用一种色序是不科学的。

马大哈：正色序和反色序各有何特点？

老　狼：正色序较适合于单色机，纸张白度不高，平滑度不高等印刷条件，先印Y可起到打底色和提高颜色的混合成色效果；K版最后印刷，可提高图像暗调的最大密度，加强中暗调层次，增大整个画面反差。

  反色序有利于多色高速印刷作业，即根据油墨的黏度递减、墨层厚度渐增的排列顺序排列的，可达到良好的叠印状态，它也基本符合重要色后印，以表现画面的色调倾向的原则。

  此外，Y墨后印还可以给画面罩上一层光泽度好的保护膜，使画面颜色彩度提高。反印刷色序的不足之处在于，Y墨后印常常会使画面色彩偏黄，影响彩色印刷的灰平衡。另外，反印刷色序的最大密度值比正印刷色序下降了大约0.3左右，对颜色阶调再现产生了一定的消极影响。

马大哈：安排好了色序，在印刷过程中，印刷机的控制状态对印刷品的颜色有何影响？

老　狼：印刷机的控制状况直接影响印刷品的颜色质量，主要体现在以下几方面。

四、印刷控制状态对印刷品颜色有何影响

老　狼：（1）墨层厚度与颜色再现

墨层的厚薄与油墨的稠与稀有关，墨太稠和太稀，都不利于均匀的输墨和展墨。油墨太稠，印刷的膜层就过厚，油墨流动性差，造成传墨不畅，画面暗调区域网点模糊不清，色彩过深，层次偏闷。油墨太稀，印刷的墨层过薄，印刷品墨色显得发淡，色泽陈旧。因此，调配油墨不易太稠和太稀，印刷时墨层才会适中，色彩接近原稿，达到较好的状态。可借用反射密度计测出印在纸张上墨膜的密度值进行墨层厚度的控制，密度值越大，墨层越厚。

> 一般油墨实地密度
> K：1.8～2.0；C：1.45～1.70，
> M：1.25～1.50；Y：0.9～1.05。

（2）水墨平衡与颜色再现

① 润版液pH值：润版液pH值一般在4.5～5.5之间，pH值过高，版面亲水能力差，印版易起脏，而pH值过低，印版表面会受到严重的腐蚀，甚至破坏印版空白部分不感脂层，使印版空白部分出现砂眼，易造成网点损伤，会还降低印刷品的光泽。

② 水墨平衡：印刷过程中，油墨在水分过大时会发生乳化，印迹干燥后，色彩暗淡，光泽降低。在印刷过程中，坚持墨稠水小的操作方法，降低了油墨的乳化值，保证印出的产品色相纯正，饱和度高，色彩鲜艳、墨层厚实，网点扩大值小，而且清晰，饱满厚实。但是如果水量过小，将会导致传墨不畅，版面起脏，而不能正常印刷。

③ 印刷压力与色彩再现：印刷压力直接影响着油墨的转移程度，压力过大，油墨传递到纸张上时，网点变形严重，印刷品的清晰度和光泽度差；印刷压力过小，能够勉强将油墨转移到纸面上，但墨层浮在纸张表面不实，影响光泽效果。理想的压力是以最小的印刷压力使印品上的印迹清晰，墨层厚实，调子和色彩再现良好。

马大哈：纸张经过印刷机印刷后，很多印刷品还需要进行对印刷品的表面进行加工处理，此过程对印品的颜色有何影响？

五、印后表面处理对印刷品颜色有何影响

老　狼：印刷品的表面处理属于印后加工范畴，其对印品的颜色也会产生一定的影响，影响较大的主要有表面覆膜（亮光膜、亚光膜）、上光（罩亮光油、亚光油、UV光油）等工艺。印品经过表面处理后，会有不同程度的色相变化和色密度变化。这些变化分为物理变化和化学变化。

物理变化主要体现在产品表面增加了镜面反射和漫反射，这对色密度有一定影响。化学变化主要来自覆膜胶、UV底油、UV油内含有的多种有机溶剂，它们会使印刷墨层的颜色发生变化。重点需要关注的如下：

> 覆亮光膜、罩亮光油和UV油时：色密度增加，光泽度增大。
>
> 覆亚光膜、罩亚光油时：色密度降低，光泽柔和。

马大哈：印刷品颜色有何特点？

六、印刷品颜色有何特点

老　狼：不管通过什么印刷方式印刷而成的产品，其颜色有一个共同特点：都属于同色异谱色。同色异谱色是指在同一照明条件下，人眼观看某一物体时，产生的颜色感觉相同，即颜色外貌相同，但实际上物体反射或透射的光谱组成并不同，当放在另一种光源下时，会呈现另一种颜色的现象，具备此种特性的物体颜色，就称为同色异谱色。换句话说，所有印刷品与原稿的颜色都存在一定差异，不是100%相同。但只要印刷品与原稿的颜色差异在某一标准范围内，或客户认可的范围内，都是合格印品。

知识归纳

印刷生产与印品颜色	油墨与颜色	纸张与颜色	色序与颜色	印刷状态与颜色	印后处理与颜色	印品颜色特点
	色强度 灰度 色相偏差 色效率 着色力 透明度 细度 稳定性	白度 平滑度 光泽度 吸收性 表面效率	色序的影响 原稿与色序 印机套准与 色序 油墨与色序 纸张与色序	墨层的厚度 润版液pH值 水墨平衡 印刷压力	覆亮光膜 罩亮光油 罩UV油 覆亚光膜 罩亚光油	同色异谱色

学习评价

自我评价

是否对印刷过程中对印品颜色影响的主要因素有了清晰的认识？ □ 是　　□ 否

能对油墨的颜色质量进行评价吗？ □ 能　　□ 否

小组评价

是否清楚印刷过程中影响印品颜色的主要要素？ □ 是　　□ 否

能否说明油黑、纸张对印品颜色的影响？ □ 能　　□ 否

学习拓展

　　在网络上查找印刷控制状态、印刷油墨特性与纸张特性对印刷品颜色影响的相关资料及实际生产的应用案例。

训练区

一、知识训练

（一）填空题

1. 油墨的颜色质量指标包括_____、_____、_____和_____。

2. 纸张对印刷品颜色影响较大的特性有_____、_____、_____和_____。

3. 印刷机状态控制主要有_____、_____和_____方面。

（二）单选题

1. 对油墨而言，其色强度越大，印品的（　　）越大。
（A）彩度　　　　　（B）色相　　　　　（C）明度　　　　　（D）灰度

2. 油墨的灰度越大时，印品的（　　）将越小。
（A）色相　　　　　（B）明度　　　　　（C）饱和度　　　　（D）密度

3. 纸张的白度越大时，印品的色彩（　　），阶调层次反差强烈。
（A）鲜艳　　　　　（B）灰暗　　　　　（C）看不清　　　　（D）平淡

4. 印刷高精细的印刷品，要求油墨的（　　）要小。
（A）细度　　　　　（B）光学稳定性　　（C）化学稳定性　　（D）色强度

5. 印刷时油墨太稠，印刷品的暗调区域会出现（　　）。
（A）色彩过深，层次偏闷　　　　　（B）色彩过浅，层次偏亮
（C）无影响　　　　　　　　　　　（D）网点清晰

6. 覆亮光膜、罩亮光油和UV油时，印刷品的色密度会（　　）光泽度（　　）。
（A）增加　增大　（B）减小　增大　（C）增加　减小　（D）减小　减小

（三）名词解释

1. 同色异谱色；2. 油墨色强度；3. 油墨灰度；4. 纸张白度；5. 纸张平滑度；

6．油墨色相偏差；7．油墨色效率。

二、专业能力训练

1．根据下表提供的两种油墨的测量参数，计算出每种油墨每一种颜色的灰度、色相误差、色强度和色效率，并比较两种油墨的性能。

油墨种类	滤色片　密度值　油墨颜色	C	M	Y
油墨 1	R	1.68	0.20	0.05
	G	0.58	1.48	0.10
	B	0.16	0.60	1.14
油墨 2	R	1.58	0.18	0.08
	G	0.50	1.52	0.12
	B	0.13	0.56	1.12

油墨1：色强度：　　灰度：　　色相误差：　　色效率：
油墨2：色强度：　　灰度：　　色相误差：　　色效率：
通过计算比较油墨1和油墨2的性能差异。

2．分析下列图片的色调特点，依据原稿特点确定色序的原则，将复制此图片的印刷色序写在图下面的对应位置处。

色序：　　　　　　　　色序：　　　　　　　　色序：

色序：　　　　　　　　色序：　　　　　　　　色序：

色序：

色序：

色序：

三、课后活动

　　每个同学收集5张不同类别原稿，分析原稿的色调特点，确定印刷应采用什么色序。

四、职业活动

　　在小组内对收集到的原稿进行分析比较和交流，讨论使用什么色序印刷效果最佳，并列举出自己在网络上查找到的相关产品的印刷色序案例。

学习情境 4　如何辨识与调控印刷品颜色

学 习 目 标

完成本学习情境后，你能实现下述目标：

知识目标

1. 掌握印刷品的呈色原理与特点。
2. 熟悉消色系、原色系、间色系印刷颜色的构成特点。
3. 掌握古铜色系、橄榄色系、枣红色系印刷颜色的构成特点。
4. 清楚金属色等特殊印刷颜色构成的特点。

能力目标

1. 能说明印刷品呈色原理与特点。
2. 能概述消色系、原色系、间色系印刷品颜色的构成特点。
3. 能说出古铜色系、橄榄色系、枣红色系印刷颜色的构成特点。
4. 能说出金属色等特殊印刷颜色构成的特点。

建议 10 学时完成本学习情境

内容结构 ↑

如何辨识与调控印刷品颜色？

消色、原色与间色系辨识与调控
- ◎ 消色系辨识与调控
- ◎ 原色系辨识与调控
- ◎ 间色系辨识与调控

复色与特殊颜色的辨识与调控
- ◎ 橄榄色系辨识与调控
- ◎ 古铜色系辨识与调控
- ◎ 枣红色系辨识与调控
- ◎ 金黄色辨识与调控
- ◎ 银白色辨识与调控
- ◎ 其他特殊颜色辨识

学习任务 1　印刷品消色、原色、间色系的辨识与调控

（建议 6 学时）

学习任务描述

　　印刷品是通过黄、品红、青、黑印版上大小不同的网点，传递油墨到承印物上，遵循色料减色混色规律，以网点并列和重叠的方式，呈现出各种不同的颜色效果。本任务在问题引导下，利用 PS 软件的相应功能，分析对比印刷品的消色、原色与间色变化同 CMYK 网点间的组合关系，通过调控实验来掌握印刷品的消色、原色与间色的分析方法和调控技能。

　　重点：辨识消色、原色与间色的变化同 CMYK 网点间的组合关系

　　难点：调控印刷品消色、原色与间色

引导问题

1. 消色系中的白色、灰色和黑色有何特点？如何辨识与调控？

2. 原色系中的黄色、品红色和青色有何特点？如何辨识与调控？

3. 间色系中的红色、绿色和蓝色有何特点？如何辨识与调控？

马大哈：通过学习情境 1 学习任务 1 的学习，我们知道具有非选择性吸收或反射不同波长光的物体称为消色物体，这类物体呈现的颜色属于消色系列颜色，也就是黑、白、灰系列颜色。在学习情境 3 学习任务 2 中，我们又知道灰色系列既可由黑色油墨按大小不同的网点直接印刷呈现，也可以由黄、品红、青按特定的比例混合而成，这种特定的比例关系称为灰平衡关系。那么在实际印刷生产中，黑、白、灰色系列色的变化与网点之间有什么关系？其对印刷品的颜色有何影响？如何辨识与调控？

一、印刷品消色系的辨识与调控

　　1. 如何辨识与调控白色系颜色？

老　狼：你提的这些问题非常重要，我们先看图 4-1。

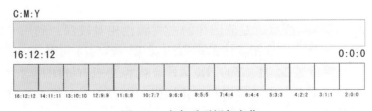

图 4-1　白色系列颜色变化

图4-1中上面一条渐变灰白色梯尺是C：M：Y按16：12：12至0：0：0的变化；而下面的分级梯尺是按各色块下面的网点数据呈现出的渐变效果。观察上图会发现当C：M：Y的数据小于3：1：1时，如达到2：0：0时，基本上与纸张颜色相同了。

老　狼：当CMY的比例达到7：5：5至16：12：12时，颜色会呈现出一定的灰色效果，看起来不是很白，但当其放在一幅图片中时，其明度相对整个画面还是较高的，看起来还是白色，我们称之为高光调，有时C：M：Y的数据甚至达24：14：2，看起来仍是白色，如图4-2所示。

图 4-2　白色在画面中的效果

马大哈：在观看图片中的白色处时，往往很难看出其有明显变化，这是否说明白色不重要？

老　狼：白色系列颜色是由很小的网点组成的浅色，由于色浅，一般观察起来相对困难，印刷公司的分色与图像处理员往往因为感觉不到电脑屏幕上白色处颜色的变化，而错误地调整白色系颜色的数据，导致输出印版后，白色网点丢失而使图片的高调处绝网而致层次损失，造成印刷图片整体色调改变而影响印刷复制效果，如图4-3所示。

老　狼：图4-3中利用"PS/图像/调整/色阶"功能进行调控，左侧图片白色阶调正常，右侧白色阶调处的网点变小了，高调变亮了，但高调的许多层次有损失，失去了雪地的细节和质感。

再如图4-4所示，左侧图像的白雪颜色相对较深，利用"PS/选择/色彩范围"工具，选取图像中的白雪为对象，然后再利用"PS/图像/调整/曲线"工具降低其C、M、Y的网点大小，图像变成右侧图片效果，此时右侧图片的白雪更亮，白雪与岩石对比增强，图像的反差增大，整幅图片看起来更有感染力。

白色阶调正常　　　　　　　　　　　　　　　白色阶调网点变小

图 4-3　白色阶调对比

白色网点较大　　　　　　　　　白色网点降低、对比增强

图 4-4　白色处的网点降低，图像整体对比增强

马大哈：看来白色的辨识与调控是十分重要的。

老　狼：是的，再看图4-5中左侧的云彩，颜色不是很洁白，青色偏多，显得稍暗，其颜色数值见图。由于颜色浅，可以认为云彩颜色都为白色系列颜色。经用"PS/图像/调整/可选颜色"工具框中，选择"白"色，降低"青"色含量，经调整后白云中的青色降低，白云的亮度得到提高，白云效果突出，其颜色数值见右侧图示，调整后的白云效果对比增强。

老　狼：要想对白色进行恰当的调控，就要养成看电脑屏幕上网点数据的习惯，不能只看颜色效果。各色版网点要大于3%才能起到表现白色层次的作用，小于3%的网点则极易损失。白色可以是C，M，Y，K都为0%的网点组成的颜色，也可能是C，M，Y中任意两者小网点组成的颜色，还有可能是C、M、Y三种小网点构成的颜色，但是，比较理想的白色，应是C+M+Y叠印，且C大于M

白云中青色偏多

降低青色量后的白云

图 4-5　白色校正

和Y1~2个百分数，如5:3:3、4:2:2等，这种比例构成的白不会偏色，如图4-6所示。在调控白色处的颜色时，一定要把PS软件中的"信息"窗口打开，以便清楚调控C、M、Y、K的具体数据。另外，白色的视觉效果与图像面积有很大关系。面积小时，不易感知白色的变化，只有大面积的白色，才容易观察颜色变化。

C:M:Y

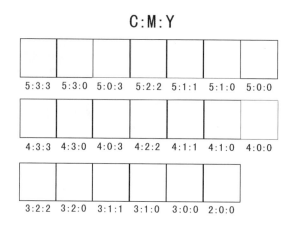

5:3:3	5:3:0	5:0:3	5:2:2	5:1:1	5:1:0	5:0:0

4:3:3	4:3:0	4:0:3	4:2:2	4:1:1	4:1:0	4:0:0

3:2:2	3:2:0	3:1:1	3:1:0	3:0:0	2:0:0

图 4-6　高光数据与颜色关系

　　控制白色首先在于白场定标：一般定标参数C:M:Y=5:3:3或5:2:2。由于白色有点冷色味道，在调控白色时，要注意C>M>Y，呈现出的白稍偏蓝，能较好地体现出冷色的效果，如果Y多于M的话，白色就会有点绿色的味道了。

马大哈：任何一幅图片都有一部分较暗的黑色，经过印刷复制后，彩色印刷品中的黑色有何特点？如何去识别与调控呢？

2. 如何辨识与调控黑色系颜色？

老　狼： 黑色色系是图像中颜色密度较高的颜色，如图4-7所示。在印刷复制过程中，黑既可由较大的K色网点组成；也可以由C、M、Y按灰平衡关系由较大的网点百分比组成；还可以由K和CMY三者按特定的网点百分比组成。一般K值超过50%印刷效果都呈现出一定的黑度了。

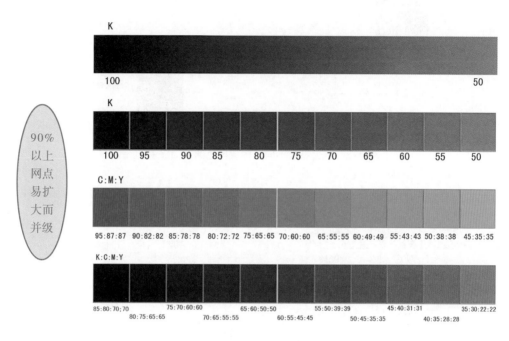

图4-7　黑色系颜色

老　狼： 一般黑由K+C+M+Y组成的情况较多。从图4-7可以看出，当各色版的网点数据达到85%以上时，极易因印刷控制不当，网点扩大而致层次并级。

马大哈： 当黑色用不同的方式印刷复制时，有何不一样的地方？

老　狼： 在图像中黑色的组成与分色工艺及参数的设置有关。如果分色工艺设置黑版是长调黑版，则黑颜色分色中K值要大些；反之，则K值较小。图4-8表示的是不同分色工艺及分色参数与黑的构成关系。

马大哈： 在实际生产中，怎样判断黑色是深还是浅？

老　狼： 由于组成黑色的网点可以有多样组合，判断较为困难。最简单的方法是不管黑色是由什么比例的CMYK组成，只由"PS/窗口/信息"中"灰度"的K值来判断黑色的深浅，如图4-9中左侧图中的"K"值。调出K值的方法按"PS/窗口/信息/调板选项/第一颜色信息/模式/灰度"路径，在第一颜色信息的"模式"中选择"灰度"即可。注意这里的K值并不是黑版的网点百分比，而是把颜色转换成灰度图后的灰度K值，即反映颜色密度深浅的一个值。因此，用它来反映黑色的深浅比较客观。

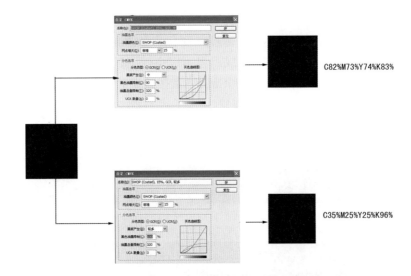

C82%M73%Y74%K83%

C35%M25%Y25%K96%

图 4-8　分色参数不同、构成黑色的 KCMY 数据不同

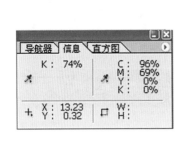

图 4-9　黑色的深浅值

老　狼：在印刷复制中，由K+C+M+Y这种模式构成的黑比C+M+Y构成的黑稳定，且K的网点数据越大，越有利于稳定黑色，减少偏色。如果降低K值，可能会出现黑色的彩色化倾向，即暗调处偏色，同时也影响图像的反差。如把同一幅RGB图像按无黑版与有黑版分色工艺进行印刷，如图4-10所示，图中上面两图是无黑版，即由Y+M+C叠印而成；下面两图为Y+M+C+K四色工艺印刷而成。

　　将两幅图像文件都用"PS/图像/调整/可选颜色"工具进行处理，处理时，以"黑"为对象，把"黑"中的"洋红"降低，见图中数据，可以明显看出，无黑版印刷的黑色处颜色变化很大，而有黑版印刷的黑色处颜色变化则没那么明显。

马大哈：图4-10中左上侧图片明显偏红色，暗调处的YMCK网点按什么比例才能保证不偏色？

图 4-10　三色与四色分色工艺黑色印刷效果

老　狼：暗调处CMY的网点比例数不能相同，否则明显偏暗红色，虽然不同油墨的颜色特性有一定的差别，但还是有规可循的。

> 　　借助PS中的信息窗，查看暗调处的颜色构成，在3/4阶调处，即75%以上网点组合的黑，C应大于MY"8%～12%"，在较暗处，即85%以上网点组合的黑，C应大于MY"7%～10%"，且M与Y基本相等，才能保证得到较好的黑色效果。

中国画多以黑为主来表现主题，突出重点，并用黑色作为骨架，表现轮廓，彩色只起画龙点睛的作用，因此要特别处理好国画中的黑色。一般中国画中最黑的地方应让K值达到80%以上，才能表现国画笔墨的浓重。同时，在表达黑色的深浅时，还要注意层次，不能损失国画的细节。如图4-11国画选用长调黑版进行分色复制，但黑色系颜色显得较浅，虽然图中树干的细节表现得很清楚，国画的笔触也清晰可见，但猫头鹰黑色羽毛的层次体现不够，也不够黑，且图像的反差不足，其根本原因是黑色系颜色的密度不够。通过在PS软件中，选择"图像/调整/可选颜色"工具，并选择"黑色"通道（如图4-11中右下侧对话框所示），加深黑版的颜色，从而得到图4-12。

1. 选择长调黑版分色

选黑通道增加黑版数值

图4-11　国画黑色量不够

可以看到图4-12经调节后明显加深了黑色系颜色的密度，增大了图像反差。

马大哈：可以这样理解吗？只要原稿图片中的黑色是画面的主体色时，分色工艺就要多用黑版，如果黑色区域黑得不够，可以选择"图像/调整/可选颜色"工具，再选择"黑色"通道增加黑色的量值。

老　狼：是的，但要注意增加黑色数值时，还要注意保持暗调层次不要并级，如发现有并级现象，可再用"图像/调整/曲线"工具，进行适当调整。

图4-12　增加黑色量，增大反差

　　控制黑色首先在于黑场定标：定标处C值多于YM7%～10%。K根据原稿确定，一般70%～90%。其次，要注意调控印刷压力，因为90%左右网点极易扩大致暗调层次并级。

马大哈：印刷图片中有界于白色与黑色之间的灰色系列颜色，这样的颜色系列其颜色的构成有何特点？如何辨识与调控呢？

　　3. 如何辨识与调控灰色系颜色？

老　狼：我们先看图4-13中的灰色。

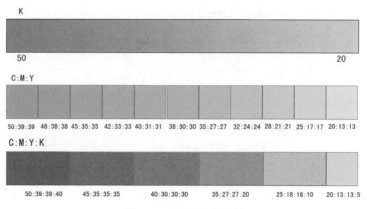

图 4-13　不同灰色效果

从图4-13可看出，灰色有浅灰至深灰的变化，当K网点至20%时，就可明显感受到灰色效果了。一般灰色可采取三种方式获得：一是由K直接印刷，二是由C+M+Y按特定的比例叠印而成，三是由C+M+Y+K四色按特定的比例叠印而成。从图4-13可知，当直接用K印刷灰色时，不用担心色偏，很好控制；当用C+M+Y叠印时，如果CMY的比例不当，就会出现色偏；第三种情况由于增加了K版，色偏现象减少了。在实际产品的印刷过程中，灰色往往以第三种方式呈现。

马大哈：灰色与白色和黑色相比，哪个更重要呢？

老　狼：白色主要影响图像的亮调，黑色主要影响图像的暗调，它们决定图像的反差，而灰色影响整个图像的色调。如果灰色控制不当，整幅图片就会出现整体偏色现象，如图4-14中，选取PS中的"图像/调整/可选颜色"工具，并选择"中性色"通道，通过增加"洋红"色或增加"青色"，两种不同的调控选择，使图像的整体色调出现了绝然相反的偏色现象，如图4-14中间和右侧的两张图片所示。因此灰色的辨识与调控是彩色印刷复制中十分重要的内容。

图 4-14　灰色调控效果

马大哈：怎样去辨识与调控灰色呢？

老　狼：

> 借用PS中的信息窗，查看灰色处的颜色构成数据，一般浅灰色处C比MY多出5%～6%，1/4阶调处C多出MY7%～10%，中间调处C多于YM12%～15%，并结合观察效果，如果图像整体偏色，就选"图像/调整/可选颜色"工具中的中性色通道，对相应颜色进行增加或减少调控。

项目训练一：辨识与调控白色、灰色与黑色

一、训练目的

1．掌握辨识白色、灰色与黑色的方法。

2．巩固调控技能。

二、训练内容

仔细观察图4-15中的白色、图4-16中的黑色和图4-17中的灰色背景，利用PS软件中的信息窗显示的数据并结合自己的观察进行颜色分析，利用"图像/调整/可选颜色"工具进行相应的调控。

图4-15　白色辨识调控

图4-16　黑色辨识调控

图4-17　灰色辨识调控

二、消色系在设计中的应用（拓展）

老　狼：消色系主要用来表现颜色的明度差异，体现出图片中内容的层次与细节变化，强调所表现内容的细腻的质感与品质。下面我们来看看几幅代表性的图片，拓展对消色系在艺术设计中应用的认识。

1. 劳德–莫奈的《日出印象》

法国画家莫奈

图 4-18 日出印象

图4-18为克劳德–莫奈（Claude Monet，1840—1926），法国画家的作品。印象画派的创始人之一。印象派的名称即由他的《日出印象》一画而来。

《日出印象》描绘的是画家的家乡在晨雾笼罩中日出时的港口景象。在由淡紫、微红、蓝灰和橙黄等色组成的色调中，一轮生机勃勃的红日拖着海水中一缕橙黄色的波光，冉冉升起。海水、天空、景物在轻松的笔调中，交错渗透，浑然一体。近海中的三只小船，在薄雾中渐渐变得模糊不清，远处的建筑、港口、吊车、船舶、桅杆等也都在晨曦中朦胧隐现……消色运用到了极致。

2. 黑白广告

老　狼：图4-19以纯黑、纯白和灰色系列表现主题和内容，使页面的层次感更丰富，过渡更柔和，空间感觉增强。左上部点睛色白色块面的运用，使得这种空间感差距拉大，增强视觉层次感，同时突出标志品牌、主题思想。另一作用在于突出文字的功能运用。

图 4-19 黑白广告

三、印刷品原色系的辨识与调控

马大哈：通过前面内容的学习，我知道彩色印刷复制是依赖于色料三原色"黄、品红、青"油墨，按色料减色法规律混合而成的，黄、品红和青色在印刷复制中起着还原原稿颜色与阶调的基础性作用。现在我已能识别三原色的色相，但当其中某一原色与其他原色混合时，其颜色如何变化？怎样辨识与调控？

1. 如何辨识与调控黄色系颜色？

老　狼：黄色是阳光的色彩，也是秋天丰收的色彩，具有活泼与轻快的特点，给人十分年轻的感觉，象征光明、希望、高贵、愉快。浅黄色表示柔弱，灰黄色表示病态。黄色的亮度最高，和其他颜色配合很活泼，有温暖感，具有快乐、希望、智慧和轻快的个性，有希望与功名等象征意义。黄色的补色是蓝色，黄色也代表着土地、象征着权力，并且还具有神秘的宗教色彩，如图4-20所示。

图4-20　秋天的黄色

（1）黄色系的辨识与调控

老　狼：① 纯净黄色的辨识：首先从纯净的黄色辨识开始学习，看图4-21所示颜色。

从图4-21可看出：随着黄色网点百分比逐渐减小，它们的亮度越来越高，饱和度越来越小，颜色感觉越来越弱。反之，黄色的饱和度越大，颜色越来越深，颜色感觉越强。

| Y100M0C0K0 | Y80M0C0K0 | Y60M0C0K0 | Y40M0C0K0 | Y20M0C0K0 |

图 4-21　纯净的黄色

老　狼：② 含M的黄色辨识（M≤Y）：图4-22所示色块是在黄色中不断增加品红色比例的呈色效果。

黄色中含有品红色，各色透着红色的味道。品红含量越多，黄就越偏向红色，呈现橘黄色、橘红色。当黄与品红比例相等时，呈现出大红色。如50%黄与50%品红混合，就类似于加入冲淡剂，红色变浅。含品红的黄色是暖色。

老　狼：③ 含C的黄色辨识（C≤Y）：图4-23所示色块是在黄色中不断增加青色比例的呈色效果。

黄色由于含青，各色透着绿色的味道，随着青含量越来越多，颜色向草绿、深绿方向变化，并越来越接近绿色，当青与黄的含量相等时，就变为绿色了。如果黄60%与青60%混合为浅绿色，就相当于向所混的绿色中加入了一定的白色冲淡剂，降低了绿色饱和度，呈现为浅绿色了。含青色的黄色有冷色的味道，属于冷色。

④ 含K的黄色辨识（K≤Y）：看图4-24所示色块，观察比较在黄色中不断增加黑色比例的呈色效果。

黄色中黑色的含量越大，黄色越接近土黄色，或称为古铜色，黑色含量过大，黄就会被淹没掉变成黑色，因为黄色是三原色中最弱的颜色。

⑤ 含等量C、M的黄色辨识（C≤Y，M≤Y）：看图4-25所示色块，观察比较在黄色中不断增加等量的青色与品红色比例的呈色效果。

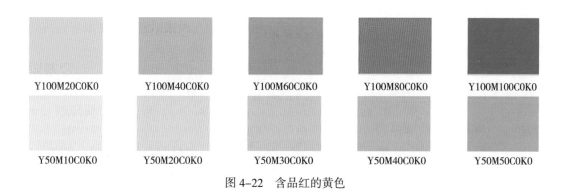

图 4-22　含品红的黄色

图 4-23　含青色的黄色

图 4-24　含黑色的黄色

图 4-25　含等量青、品红色的黄色

在黄色中加入等量的青和品红时，据减色原理，黄、品红、青三者等量混合产生灰色，此时黄色中由于有灰成分存在，黄色显得灰暗些，其亮度和饱和度也降低了，也呈现出接近土黄色（古铜色）的效果。且青与品红的含量越大，黄色就越灰暗，如果过大，就会变成黑色而看不见黄色了，类似于在黄色中加入黑色的效果。

老　狼：⑥ 含非等量C、M的黄色辨识（C≤Y，M≤Y）：当在黄色中加入非等量的青色与品红色时，如图4-26所示。

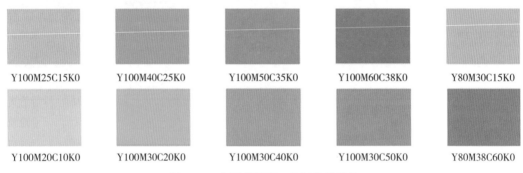

图 4-26　含不等量青、品红色的黄色

从图4-26看出，青与品红不等量地与黄色混合时，按减色法原理，等量三原色呈灰色，所以混得的颜色显得灰暗一些，饱和度降低。当品红色比例大于青色时，呈现出有一定灰度且偏暖色的橘黄色至土黄色，随着青与品红量的增多，颜色越来越暗。如果青色含量大于品红色，则呈现偏冷色调且有一定灰度的草绿色，随着青与品红量的增多，草绿色会变成越来越暗的深绿色。

⑦ 同时含C、M、K的黄色辨识（C≤Y，M≤Y，K≤Y）：在黄色中既有青、品红，也有黑色成分时，如图4-27所示。

图 4-27　同时含有青、品红和黑色的黄色

从图4-27可看出：各色块因为等量的黄、品红、青混合呈黑色，再加上黑的加入，较大幅度地降低了颜色的明度和饱和度。品红值大些的色块偏向暖色，呈现出灰暗的橘黄色；青色值大些的色块偏向冷色，呈现出灰暗的草绿色；如果青、品红百分比相同，则呈现出有一定灰度的黄色了。

马大哈：在实际的彩色印刷过程中，如何去识别与调控黄色系颜色？

老　狼：项目训练二：辨识与调控黄色系颜色

一、训练目的

1．学会辨识黄色系颜色

2．训练调控黄色系颜色的技能

二、训练内容

通过对图4-28中黄色系的辨识与调控实践体验，来实现训练目的。

三、步骤

例一：树叶黄色变化对图像的影响

1．分析颜色构成：图4-28（a）是一幅植物图片，画面主要是绿色和黄色，画面中受阳光照射的叶子呈现出鲜艳明亮的黄色，这里的黄接近纯饱和的黄色（见图中数据），而未受阳光直射的叶子显示出绿色，两者形成鲜明对比，使金色的阳光与自然植物的颜色得到充分体现，特别引人注目。

2．颜色调控：打开PS软件中的"信息窗"，观察叶子颜色数据，调用"图像/调整/可选颜色"工具，选"黄色"通道增加"青色量"，得到图4-28（b）。

由于在黄色中增加了C，金黄色的叶子变成了黄绿色，虽然从局部来说，叶子上的黄色变成黄绿色更符合实际，也较好看，但从画面的效果来说，就把阳光照射在植物上的感觉全丢失了。

C3%
M1%
Y90%
K0

（a）植物图片

C24%
M1%
Y90%
K0

（b）增加青色量的植物图片

C3%
M24%
Y90%
K0

（c）增加品红色的植物图片

C16%
M9%
Y90%
K22

（d）增加青、品红和黑的植物图片

图4-28　树叶黄色变化对图像的影响

老　狼：如果把图4-28（a）中叶子的黄色增加部分品红色，即调用"图像/调整/可选
颜色"工具，选"黄色"通道增加"品红色"量，得到图4-28（c）。

图4-28（c）中可以看出：黄色叶子中加入一些M成分，黄色叶子变成了橙
色，叶子显得枯黄了，从画面的效果来说，画面也没有图4-28（a）明亮，更
没有阳光照射在植物上的感觉。

马大哈：如果在黄色中加入C、M和K又会怎样？

老　狼：在黄色中如果加入C、M和K，同样调用"图像/调整/可选颜色"工具，选"黄
色"通道增加"青、品红和黑"，则得图4-28（d）。

在图4-28（d）中可以看出：在黄色中加入C、M、K的成分，使黄色的饱和度
降低，局部的黄色显得很闷。由于图中的高光部位的颜色中加入了灰分，使
颜色密度增加，高光变暗，图像显得没有亮色。

　　例二：花朵中黄色变化对图像的影响

　　1．分析颜色构成：图4-29（a）中的小花的黄色花蕊样本点的颜色值为
C0%M20%Y100%K0%，黄中含有一定量的M色成分，花蕊显得较成熟、热烈。

　　2．颜色调控：调用"图像/调整/可选颜色"工具，选"黄色"通道降低"品红
色"，则得图4-29（b）。

C0%M20%Y100%K0%　　　　　　　　　　　　　　C0%M7%Y100%K0%

（a）花蕊中 M 色过多　　　　　　　（b）减少花蕊中的 M 色

图 4-29　花朵中黄色变化对图像的影响

老　狼：将花蕊黄色中的M降低，黄色的饱和度随之提高，花蕊显得鲜嫩，衬托得小
白花更洁白、纯洁。

　　（2）黄色系颜色在设计中的应用（拓展）

老　狼：黄色的性格冷漠、高傲、敏感、具有扩张和不安宁的视觉印象。浅黄色系明
朗、愉快、希望、发展，它的雅致、清爽属性，较适合用于女性及化妆品类
网站。中黄色有崇高，尊贵、辉煌、注意、扩张的心理感受。深黄色给人高
贵、温和、内敛、稳重的心理感受。下面我们通过几幅图片还感受黄色系在
艺术设计中的应用效果。

老　狼：① 以纯黄为主体的设计：图4-30中黄色是所有彩色中明度最高的颜色，增加9%的M降低了黄色的饱和度，但是大面积的黄色仍使得该页面色彩明亮显眼，辅助色是明度最低的纯黑色，大面积显眼的正黄色有黑色的线条压制，黄色顿时显得沉稳，页面增添内容感。白色虽然是点睛色，但由于非色彩的白色与黄色的明度最高，因此这里似乎没有起到"点睛"的作用。

马大哈：整个页面大量运用黄色作为主色而且数值高Y86，画面配色单纯，却也不简单，形成一种设计风格。

老　狼：②以中黄色为主体的网页设计：在图4-31中，背景中黄色上点缀多种艳度较高的跳跃的颜色，渲染整个网站的热闹环境气氛，符合该网站的设计主题。从数值上看，该中黄色的明度和饱和度呈较高值，其中Y为94，还加入M25，属于明亮耀眼的颜色。辅助色是黄绿色和红色，黄绿色在中黄背景下呈冷色调，轻快单薄的亮色；红色明度稍低，这里属于厚重沉稳的颜色，在中黄色背景下呈现暖色调；背景中黄色在黄绿色和红色两者中呈中间色，是很好的整体页面视觉过渡色。

马大哈：在这个画面中，当背景色中黄Y94 M25起到中间色的作用时，页面少量冷暖色彩搭配较容易调和，起到渲染热闹气氛的作用。

老　狼：是的，我们再看下面图4-32。

老　狼：图4-32中主色调中黄色的Y由原来的94减为88了，加了M20和C2，因此该色调纯度降低，黄色的耀眼特性相应缓和。该页面有浅黄、浅青、棕红色作为辅助色。浅黄色呈柔和状态，浅青色呈浅色调，棕红色的饱和度和亮度降低，在

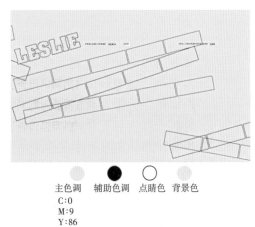

主色调　辅助色调　点睛色　背景色
C:0
M:9
Y:86
K:0

图 4-30　纯黄色与黑色的搭配应用

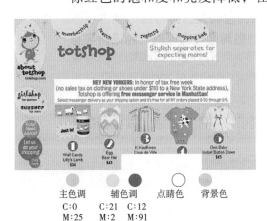

主色调	辅色调		点睛色	背景色
C:0	C:21	C:12		
M:25	M:2	M:91		
Y:94	M:24	Y:100		
K:0	K:0	K:2		

图 4-31　以中黄色系为主体的网页

主色调	辅色调			点睛色	背景色
C:2	C:1	C:75	C:74	C:0	
M:20	M:9	M:1	M:32	M:90	
Y:88	Y:64	Y:1	Y:79	Y:99	
K:0	K:0	K:0	K:61	K:61	

图 4-32　明度稍低的中黄色系为主体的网页

该页面中起到沉稳地牵制艳度较高的几种颜色的作用。

马大哈：可以看出，黄色是色彩系里明度最高的耀眼颜色，尤其是正黄色Y100时，它的特性越明显。由于黄色的特性，在画面配色的时候可适当添加明度较暗的颜色，使色阶层次拉开，并协调刺眼的艳度作用。看图4-33，印象派大师梵高笔下的《向日葵》，铭黄像闪烁着的熊熊的火焰，是那样艳丽，华美，同时又是和谐、优雅甚至细腻，那富有运动感的和仿佛旋转不停的笔触是那样粗厚有力，色彩的对比也是单纯强烈的。

2. 如何辨识与调控品红色系颜色？

图 4-33　梵高的向日葵

老　狼：品红色，又称为洋红色，是介于红色和蓝色之间的颜色。在光谱中品红色并非是单一波长的光，而是由等量的红光与蓝光混合而得，品红色的补色是绿色。大家在看时尚杂志中的穿衣打扮、服饰搭配类内容时，可见到今季流行甜美的萝莉公主风格服饰，如图4-34所示，其配色就是以品红色系为主色调进行搭配的。

（1）品红色系的辨识与调控

马大哈：① 纯净品红色的辨识：从图4-35可看出：随着品红色网点百分比逐渐减小，它们的亮度越来越高，饱和度越来越

图 4-34　萝莉公主服饰

Y0M100C0K0　　Y0M80C0K0　　Y0M60C0K0　　Y0M40C0K0　　Y0M20C0K0　　Y0M10C0K0

图 4-35　纯净的品红色

小，颜色感觉越来越弱。反之，品红色的饱和度越大，颜色越来越深，颜色感觉越强。

老　狼：② 品红色+K的辨识（K<M）：当向品红中加入不同量的黑色时，观察图4-36中各色块的颜色变化。

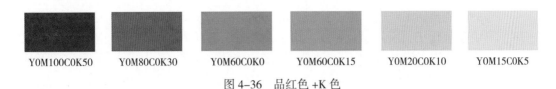

图 4-36　品红色 +K 色

马大哈：从上图可看出：随着K量的增大，品红色变得越暗，饱和度越低，向枣红色方向变化。反之，品红色的颜色要亮一些，饱和度也相应的大一些。

老　狼：③ 品红色+C的辨识（C≤M）：当品红色中加入青色时，如图4-37所示，随着C量的不断增加，颜色向紫红、蓝紫变化，当M与C相等时就成蓝色了，呈现出冷色调。M与C的差值越大，品红色的特征越强。

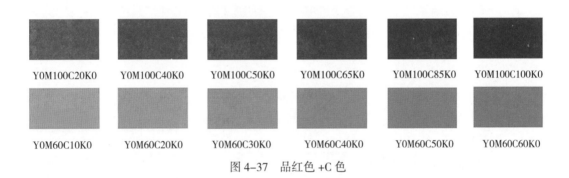

图 4-37　品红色 +C 色

马大哈：如果以60的M分别与10、20…60的C混色时，随着C量的不断增加，颜色也是向紫红、蓝紫变化，只是颜色变浅，饱和度降低；当M与C相等时就成浅蓝色了，相当于加入了一定量的白色颜料，冲淡了所混的颜色。

老　狼：是的，你的分析是正确的，再看M+Y混色情况，如图4-38所示。

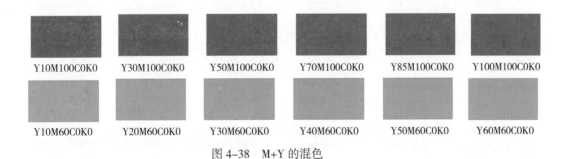

图 4-38　M+Y 的混色

马大哈：④ 品红色+Y的辨识（Y≤M）：从图4-38可以看出，品红中加入Y色时，颜色有红色的味道，呈暖色调，且随着Y量的不断增加，颜色由品红向水红、橘红色方向变化，当Y与M相等时，呈现出大红色。M与Y的差距越大，越能体现出品红的特征。当以较小的M与较小的Y混色时，随着Y色量的增加，其混色的颜色也由品红向水红、橘红色方向变化，二者相等时呈现出大红色，只是由于量较小，所得颜色变浅，饱和度降低，就相当于加入了一定量的白色颜料，冲淡了所混的颜色。

老　狼：⑤ 品红色+等量的Y、C的辨识（Y≤M，C≤M）：从图4-39可以看出，品红中加入等量的Y与C时，与加入黑色的效果相同，随着Y与C量的不断增加，品红色越来越暗，饱和度越来越低。当Y与C增加到与M量相等时，变成黑色了。

　　　　⑥ 品红色+非等量的Y、C的辨识（Y≤M，C≤M）：从图4-40可以看出，品红中加入非等量的Y和C时，颜色整体都变暗，但是Y＞C时，颜色偏红色，Y与C的差值越大，颜色越靠近红；如果C＞Y，则颜色呈紫红色，且C与Y的差值越大，越靠近蓝色。

　　　　⑦ 同时含C、Y、K的品红色辨识：从图4-41可以看出，品红中加入非等量K、Y、C时，颜色整体上会变得更暗些，但仍然是Y＞C时，颜色偏红色，Y与C的差值越大，颜色越靠近红；如果C＞Y，则颜色呈紫红色，且C与Y的差距越大，也是越靠近蓝色。

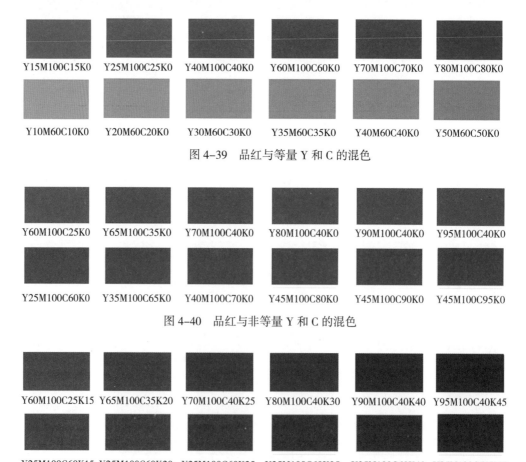

图 4-39　品红与等量 Y 和 C 的混色

图 4-40　品红与非等量 Y 和 C 的混色

图 4-41　品红与非等量 K、Y 和 C 的混色

项目训练三：辨识与调控品红色系颜色

一、训练目的

1. 学会辨识品红色系颜色。

2. 训练调控品红色系颜色的技能。

二、训练内容

通过对图4-42中品红色系的辨识与调控实践体验，来实现训练目的。

三、步骤

例：荷花中品红色系变化对图像的影响

老　狼：分析颜色构成

品红色常用于表现花卉，如图4-42（a）所示，图中的荷花呈粉红色，属于品红色系。图中代表色样点的颜色值为C12%M62%Y20%K2%，可见荷花的颜色是品红中含有C、Y、K，有一定的灰度，荷花的鲜艳度不是很高。如果把花中的M值加大，其他值不变，变成图4-42（b），粉红的荷花变得更艳丽、更热烈、更成熟。如果将图4-42（a）荷花中C的比例增加，粉红色的荷花变成了冷色的紫红色，则给人冰清玉洁的感觉，如图4-42（c）；如果将图4-42（a）荷花中的C、Y、K降低为0，荷花变成了纯粹的品红色，显得干净素雅，出污泥而不染的清纯，如图4-42（d）。

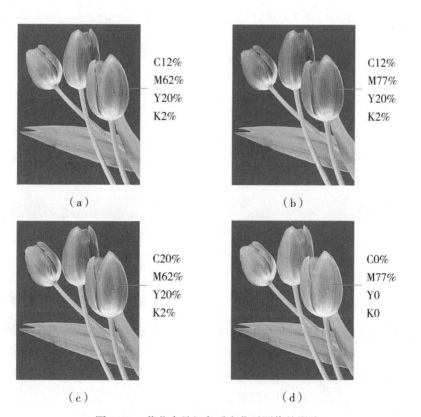

图 4-42　荷花中品红色系变化对图像的影响

马大哈： 在调图像中的颜色时，利用Photoshop的"图像/调整/可选颜色"工具，分别选"红色"和"洋红"通道，来降低"青、黄和黑"的值，增加"洋红"值。利用这个工具，对颜色调校作用显著，又不会影响图像的阶调变化，特别适合局部的选择性校色。

老　狼： （2）品红色系颜色在设计中的应用（拓展）

品红色系较易营造出娇媚、诱惑、艳丽的气氛，多用于女性主题，例如：化妆品、服装等的设计。如图4-43（a）所示页面主要由两种不同明度和饱和度的品红色调组成。两组RGB数值中R数值最高，红色特性明显，主色调虽然纯饱和度很高，但由于明度降低，相对于辅色调较沉稳，适合做背景色。辅助色调的品红色中加入了少许的G，色调向冷色稍微偏移，饱和度轻微减弱，但随着明度增加，色彩趋于艳丽，符合突出前景的目的。

马大哈： 画面中背景色和前景色的明度较接近，颜色给人的视觉表象较闷，加入少量白色划分线使得色彩引导的主次块面更加分明，页面明快许多。

老　狼： 是的，我们再看图4-43（b）、图4-43（c）和图4-43（d）所示页面。

| 主色调 | 辅色调 | 点睛色 | 背景色 |

R: 189	C: 17	R: 227	C: 1
G: 0	M: 99	G: 12	M: 95
B: 64	Y: 69	B: 90	Y: 49
	K: 5		K: 0

（a）

C: 17
M: 99
Y: 100
K: 5

背景色中M和Y值大小差不多时品红的颜色偏向朱红。

（b）

C: 35
M: 93
Y: 31
K: 43

背景色中C的数字增多时背景偏向紫红色。

（c）

C: 39
M: 74
Y: 60
K: 67

背景色中K的数字增多时背景偏向暗红色。

（d）

图 4-43

3. 如何辨识与调控青色系颜色?

老　狼：青色是可见光谱中介于绿色和蓝色之间的颜色，波长大约为480～490nm，有点类似于天空的颜色。在老一辈中，蓝色和绿色统称"青色"，其补色是红色，它是一种中性偏冷的颜色，英文China既有中国的意思，又有陶瓷的意思，这充分的说明了陶瓷在中国的地位，它可以说是中国的象征。

图 4-44　青花瓷

青花瓷作为瓷器中的精品，如图4-44所示，一直深受广大群众的喜爱，这跟中国人的审美与文化有着很大关系。青花瓷，又称白地青花瓷，常简称青花，是中国瓷器的主流品种之一，属于釉下彩。青花瓷是用含氧化钴的钴矿为原料，在陶瓷坯体上描绘纹饰，再罩上一层透明釉，经高温还原焰一次烧成。钴料烧成后呈蓝色，具有着色力强、发色鲜艳、烧成率高、呈色稳定的特点。

马大哈：我知道青色是中国特有的一种颜色，在中国古代社会中具有极其重要的意义。青色象征着坚强、希望、古朴和庄重，传统的器物和服饰常常采用青色。

老　狼：（1）青色系的辨识与调控

① 纯净青色的辨识：从图4-45可看出：随着青色网点百分比逐渐减小，它们的亮度越来越高，饱和度越来越小，颜色感觉越来越弱。反之，青色的饱和度越大，颜色越来越深，颜色感觉也越强。

② 青色+K的辨识（K<C）：从图4-46可看出：青与K混合时，随着K量的不断增加，颜色越来越暗，饱和度越来越小，呈现暗青色，有橄榄色的味道。反之，青色明度增大，青色也变得鲜艳一些。

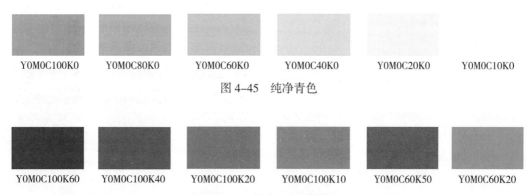

| Y0M0C100K0 | Y0M0C80K0 | Y0M0C60K0 | Y0M0C40K0 | Y0M0C20K0 | Y0M0C10K0 |

图 4-45　纯净青色

| Y0M0C100K60 | Y0M0C100K40 | Y0M0C100K20 | Y0M0C100K10 | Y0M0C60K50 | Y0M0C60K20 |

图 4-46　青色 +K 的混色

马大哈： ③ **青色+Y的辨识（Y≤C）**：图4-47中，青与Y混合时，随着Y量的不断增加，颜色向青绿色、草绿色方向变化，当青与Y相等时，变为绿色；C与Y的差距越大，青色的味道越重，差距越小，越来越接近绿色。如果C与Y都用较小的量混合时，且Y≤C时，也符合上述规律，只是相当于增加了一定量的白色冲淡剂，冲淡了颜色的鲜艳度，颜色变浅。

老　狼： ④ **青色+M的辨识（M≤C）**：你分析得不错，我们再看图4-48，青与M混合时，随着M量的不断增加，颜色向浅蓝色、深蓝色方向变化，当青与M相等时，变为蓝色；C与M的差距越大，青色的特征越突出；C与M的差距越小，越来越接近蓝色。如果C与M都用较小的量混合时，且M≤C时，也符合上述规律，只是相当于增加了一定量的白色冲淡剂，冲淡了颜色的鲜艳度，颜色变浅。

马大哈： ⑤ **青色+等量M、Y的辨识（M≤C　Y≤C）**：图4-49中，青与等量的Y和M混合时，随着Y与M量的不断增加，颜色逐渐变成暗青色。当Y与M的量与C相等时，变成稍微偏红的黑色，即暗红色。如果C与M、Y都用较小的量混合时，

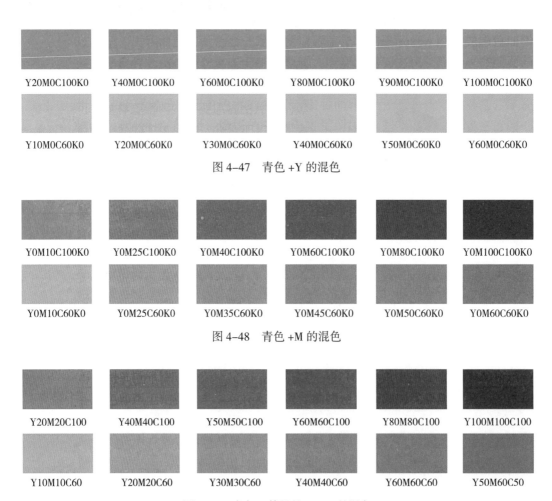

図 4-47　青色 +Y 的混色

図 4-48　青色 +M 的混色

図 4-49　青色 + 等量的 Y、M 的混色

混合色的色相也是青色，随着Y与M量的逐渐增加，也符合上述规律，青色也是逐渐变暗，只是明度大一些，颜色显得不是太暗。如果三者量相等时，混合得到偏红的深灰色。

老　　狼：⑥ **青色+不等量M、Y的辨识（M≤C Y≤C）**：从图4-50可以看出，青色中加入非等量的M和Y时，由于三原色等量部分混合成黑色，因此使混合后的颜色明度降低，饱和度也降低。当M＞Y时，青色会偏蓝色，且M与Y的差距越大，颜色越蓝，当M与C相等时，呈现暗蓝色了。当Y＞M时，青色会偏绿色，且Y与M的差距越大，颜色越绿，当Y与C相等时，呈现暗绿色了。

马大哈：⑦ **青色+M、Y、K的辨识（M≤C Y≤C K≤C）**：从图4-51可以看出，青色中加入非等量K、Y、C时，颜色整体上会变得更暗些，但仍然是M＞Y时，颜色偏蓝色，M与Y的差值越大，颜色越靠近蓝色，当M=C时，呈现出较暗的青色；如果Y＞M，则颜色偏绿色，且Y与M的差距越大，也是越靠近绿色，当Y=C时，呈现出暗青色。

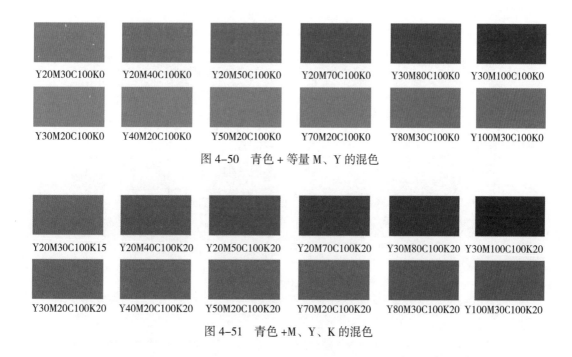

Y20M30C100K0　Y20M40C100K0　Y20M50C100K0　Y20M70C100K0　Y30M80C100K0　Y30M100C100K0

Y30M20C100K0　Y40M20C100K0　Y50M20C100K0　Y70M20C100K0　Y80M30C100K0　Y100M30C100K0

图 4-50　青色 + 等量 M、Y 的混色

Y20M30C100K15　Y20M40C100K20　Y20M50C100K20　Y20M70C100K20　Y30M80C100K20　Y30M100C100K20

Y30M20C100K20　Y40M20C100K20　Y50M20C100K20　Y70M20C100K20　Y80M30C100K20　Y100M30C100K20

图 4-51　青色 +M、Y、K 的混色

老　　狼：青色系颜色的构成与变化规律，通过上述的学习基本上都清楚了，下面我们通过实际例子来学习青色系的调控。

项目训练四：辨识与调控青色系颜色

一、训练目的

1. 学会辨识青色系颜色。
2. 训练调控青色系颜色的技能。

二、训练内容

通过对图4-52中青色系的辨识与调控实践体验，来实现训练目的。

三、步骤

风境图片中青色系的辨识与调控

①分析颜色构成：青色系常用来表现风景画的天空、水面，如图4-52（a）所示，天空的颜色虽然说是蓝色，但从取样点数值C69%M16%Y3%K1%可以看出是青色系颜色。

②调控青色系：如果以C为处理对象，调用PS中"图像/调整/可选颜色"工具，将天空颜色中的相反色"M"降低，图像变为图4-52（b）的情形，天空颜色更青一些，纯净一些，图像也变得亮一些，有一种阳光照耀，天空高远的意味。相反地，如果以C为处理对象，将"M"提高，则图像变为图4-52（c）的情形，天空颜色带有紫色味道，显得要暗一些，也和我们记忆中的天空不一致，给人不舒服的感觉。由于天空颜色变暗，整个图像给人一种压抑的印象。而图4-52（d）是以C为处理对象，增加"黑"值，

（a）C69%M16Y3%K1%

（b）C69%M3Y3%K1%

（c）C69%M44Y3%K1%

（d）C69%M16Y3%K20%

图4-52 青色系的辨识与调控

降低颜色明度和饱和度，这时的天空也很难看，像下雨前的天空，或是早晨、傍晚的天空，没有纯净颜色的天空好看。

（2）青色系颜色在设计中的应用（拓展）

老　狼：青色是中性偏冷的色彩，色彩感情消极的一面稍多，所以在平面设计中，经常搭配同类色、邻近色或对比色，使画面显得秀气、活泼一些。如图4-53（a）和图4-53（b）。

马大哈：我看到这张海报使用了邻近的青、绿、蓝色，冷色的主调显得庄严、平静，点睛的紫红色突出了跳跃的部分，与主题很贴切的。

（a）

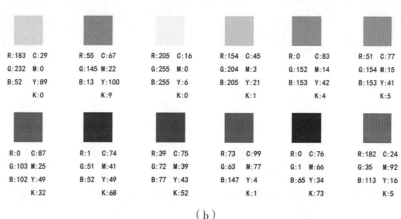

（b）

图4-53　青色系颜色在设计中的应用举例

老　狼：是的，分析得不错！我们再来看看，海报中的局部位置当以C为变化对象，增加、减少M值、增加K时画面的变化情况。

①如果以图4-54（a）中的C为处理对象，调用PS中的"图像/调整/可选颜色"工具将天空颜色中的相反色成分M提高，则图像变为图4-54（b）的情形，天空颜色变为带有紫色味道，显得要暗一些。由于天空颜色变暗，整个图像给人一种压抑的印象。

② 以C为变化对象，调用PS中的"图像/调整/可选颜色"工具将天空颜色中的相反色成分M降低，则图像变为图4-54（c）的情形，天空颜色更青一些，也感觉更纯净一些，图像也变得要亮一些，有一种阳光照耀，天空高远的意味。

③ 相反地，图4-54（d）是以C为处理对象，调用PS中"图像/调整/可选颜色"工具，增加"K"值，增加颜色的灰度，降低颜色饱和度，天空颜色很难看，

（a）C68M18Y47K12

（b）C68M30Y47K12

（c）C68M9Y47K12

（d）C68M18Y47K27

图4-54　增加、减少M值、增加K时画面变化

像下雨前的天空。

四、印刷品间色系的辨识与调控

马大哈：我知道印刷所用的三原色黄、品红、青两两之间混合出来的红、绿、蓝称为三间色，其混合呈色时有何特点与规律，如何辨识与调控？

　　1. 如何辨识与调控红色系颜色？

老　狼：红色属于色料颜色的二次色，由M与Y混合而形成，介于品红色和黄色之间。如含品红色多，就偏水红色；含黄色多，就偏橙黄色，其相反色是青色。

　　（1）红色系的辨识与调控

老　狼：① 纯净红色的辨识：如图4-55所示，随着M，Y的网点百分比逐步减小，颜色的亮度越来越高，饱和度越来越小，颜色感觉越来越弱，逐渐由大红色向粉红色过度。

马大哈：② 品红多于黄的红色辨识：由图4-56可以看出，从左向右，随着品红网点数越来越多于黄色，颜色由大红色—橙红—水红色—向桃红色变化，颜色由暖色逐步偏向冷色。

老　狼：③ 黄色多于品红的红色辨识：是的，你观察分析得不错，再看图4-57中，随着黄色网点数越来越大于品红色，颜色逐渐由红色—橘红—橙黄色，颜色的黄色味道越来越浓，偏向暖色变化。

　　④ 含青色的红色辨识：根据色料减色法："黄、品、青三色等量叠加产生灰色"。在图4-58中，由于相反色青色的加入，等量的Y+M+C=灰，因此，混合所得颜色的饱和度降低，红色显得暗一些，鲜艳程度会降低，呈暗红色。随着青的网点百分比逐步增大，颜色由红色逐渐向暗红、棕红色、棕色变化。

马大哈：⑤ 含黑的红色辨识：也就是说，只要有黑色加入到红色里，就会使颜色变暗，图4-59中所示的颜色，因含有黑色，所以红色变灰暗，其饱和度即鲜艳程度降低。且随着黑的网点百分比逐渐增大，颜色由红色逐渐向暗红、棕红色、棕色变化。

老　狼：是这样的结果。在实际生产应用中，红色是经常遇到的颜色，由于在色度图

| Y100M100C0K0 | Y80M80C0K0 | Y60M60C0K0 | Y40M40C0K0 | Y20M20C0K0 | Y10M10C0K0 |

图4-55　纯净的红色

| Y100M100C0K0 | Y80M100C0K0 | Y60M100C0K0 | Y40M100C0K0 | Y20M100C0K0 | Y10M100C0K0 |

图4-56　含品红多的红色

上，红色的宽容度较大，也就是说，网点百分比有一些出入，其颜色不会变化很大，因此红色比较好处理。实践中，像红旗、红花等颜色的M、Y百分比应该超过90%。表现朝霞和晚霞的红色中应含有C或K的网点百分比，属于暗红色；红色中M＞Y时，红色显得坚硬，具有力量，色调偏冷；当红色中Y＞M时，红色色调偏暖。红色还能表现比较热烈和喜庆的气氛，有时红色也可以用来表示恐怖的场景或气氛，这时红色较暗一些，属于暗红色。

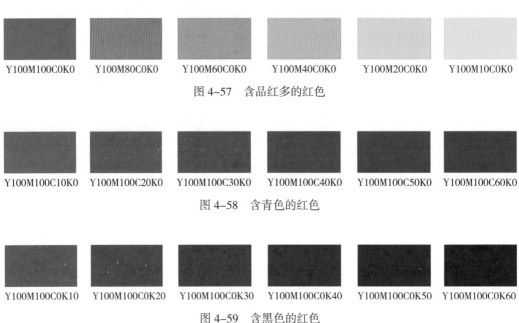

| Y100M100C0K0 | Y100M80C0K0 | Y100M60C0K0 | Y100M40C0K0 | Y100M20C0K0 | Y100M10C0K0 |

图4-57　含品红多的红色

| Y100M100C10K0 | Y100M100C20K0 | Y100M100C30K0 | Y100M100C40K0 | Y100M100C50K0 | Y100M100C60K0 |

图4-58　含青色的红色

| Y100M100C0K10 | Y100M100C0K20 | Y100M100C0K30 | Y100M100C0K40 | Y100M100C0K50 | Y100M100C0K60 |

图4-59　含黑色的红色

项目训练五：辨识与调控红色系颜色

一、训练目的

1. 学会辨识红色系颜色

2. 训练调控红色系颜色的技能

二、训练内容

通过对图4-60中红色系的辨识与调控实践体验，来实现训练目的。

三、步骤

　　例：荷花花蕊红色系的辨识与调控

老　狼：① 分析颜色构成：红色是由品红和黄混合而成，红色系的颜色其主色是M和Y，即在其颜色的组成中M和Y是较大的两个值。且M和Y的大小决定了其颜色的偏向。图4-60（a）中的荷花的花蕊，呈现出红色系颜色，且因构成其颜色的M和Y比例接近，呈现出中等明度的粉红色。红色的宽容度较大，有一定的误差也不易被人眼看出，所以比较好调。

马大哈：② 调控红色系：调用Photoshop中的"图像/调整/可选颜色"工具，选中"红色"通道，减少"洋红"的值，使M＜Y小，荷花的花蕊处的粉红色变为橙色或橙黄色，如图4-60（b）所示的效果。

如果增加"洋红"值，使M＞Y大，则荷花的花蕊处的粉红色变为橘红或水红色，如图4-60（c）所示效果。

如果增加"青色"值，M与Y不变，则荷花的花蕊处灰度增加，粉红色鲜艳度降低，明度也降低，颜色变暗一些，如图4-6（d）所示。

（a）C8%M59%Y61%K2%

（b）C8%M43%Y61%K2%

（c）C8%M77%Y61%K2%

（d）C31%M59%Y61%K2%

图4-60　荷花花蕊红色系的辨识与调控

（2）红色系的在设计中的应用（拓展）

老　狼：从古至今，国人尚红，红色无处不在，无时不在。无论服饰，漆器，陶瓷，内棺，图案繁琐，色彩斑斓，并都以红色为主调。名满天下的"马踏飞燕"口中涂有大量红漆；唐朝律令皇宫柱体必用红色；康熙雍正喜用红木家具，元代的红釉高足杯，明代的永乐红釉瓷器；河姆渡时期的"朱漆木碗"，清代的剔红艺术；本命年的腰带、佩玉的流苏到寿星的寿服寿桃；舞龙灯的绣球鼓唢呐的饰物；开张大吉的剪彩，贺新禧的贺卡；"压肚腰"的压岁红包，辞旧迎新的炮竹；享誉中外的"奥运红瓷"，震撼眼球的纽约"红色时装"展……红色在中国就这样以农耕文化为依托，以家族意识为核心，经过多少代潜移默化的熏陶，深深地嵌入了中国人的灵魂，成为当之无愧的安身立命的护身符，中国尚红意识的加剧，世界范围内也逐渐上演着"中国红"的色彩时代，它已渗透到我们生活的各个方面。

案例一："女儿红"酒包装设计

老　狼：绍兴女儿红酒业生产的"女儿红"酒，又称"状元红"，酒的外包装上"中国红"的运用，独得神韵，引人入胜，抓住了消费群的心，从而给企业带来了良好的销售业绩，如图4-61所示。女儿红酒在历史上为嫁女必备之物，采用红色包装意为"红妆"；此酒色泽琥珀，透明澄澈，采用红色突显色泽清亮，赏心悦目；味道甘香醇厚，时间越久越是浓烈，而最能显示酒浓之特性的，当属红色。通过对市场的独到分析与中国传统的考证，以红色为主格调，灵活的把中国红这一色彩元素穿插在包装设计中，顺历史发展趋势，彰显品牌特性。

图4-61　女儿红酒包装

案例二：红色旗袍设计

老　狼："我偏爱红，特别是中国人喜爱的红。"一句热门的广告语似乎也预示了"中国红"在时装界的流行。红色是服装设计师最乐意使用的色彩，很多设计师提到红色时说"它的尊贵，喜庆，饱满的色彩文化注入我们的服装中，感觉就像是一股奔腾的火红扑面而来"。2005年2月的香港时尚婚纱展，素有中国国服之称的"旗袍"展，北京"中国红"SPYHENRY LAU的红装展示，无一都在展示我们中国红的特殊色彩魅力，设计师对类似大红灯笼那种红的特别偏爱。见图4-62，中国式别致的剪裁加入中方与西方的元素，让中国红如若新生，焕发出从未有过的靓丽光芒和大师气派。中国红就是在这种传统、优雅，看似不起眼的设计却像低调的鲜花在雪地中悄悄探出头来，蕴含着不容轻视的尊贵；看似中规中矩的色彩，却像艺术大师的神来之手，为整个秀场划上完美句号。

图 4-62   红色旗袍

案例三：红色标志设计

老　狼：标志是表明事物特征的记号。它以单纯、显著、易识别的物象、图形或文字
　　　　符号为直观语言，除表示什么、代替什么之外，还具有表达意义、情感和指
　　　　令行动等作用。中国联通的新标志，大胆使用红色。象征快乐与好运，增加
　　　　了企业的亲和力、与活力创新，与时尚的品牌定位相吻合。

　　　　中国银行的标志创意来自于红绳的古钱币，钱孔与红绳构成了"中"字，正
　　　　是这一浓郁的民族色彩依托着中国银行向人们传递的一种力量，稳重、开拓
　　　　的企业理念。整体采用大红色，鲜艳夺目，个性强烈，活力醒目。中国银行
　　　　标志的设计，是中国的设计历史中的里程碑。见图4-63。

图 4-63   红色标志

　　　2. 如何辨识与调控绿色系颜色？

老　狼：绿色属于二次色，由C+Y组成，其补色是品红色，位于青色和黄色之间。如
　　　　含青色多，就形成偏冷的深绿色；含黄色多，就形成草绿色，颜色偏暖。

　　　（1）绿色系颜色的辨识与调控

　　　① 纯净绿色的辨识：由等量的C+Y组成的颜色为纯净的绿色，如图4-64所示。
　　　随着C、Y的网点百分比逐步减少，其混合色的亮度越来越高，饱和度越来

小，颜色越来越浅，绿颜色感觉越来越弱。

马大哈： ② 含青多的绿色的辨识：图4-65中，由于含有的Y逐步减少，颜色从绿色向深绿色直至青绿色变化，色调逐步向冷色变化，含C多的绿色比正常绿显得成熟或苍老。

老　狼： 是的，绿色中如果C色量较多于Y色量，则绿色显得比较苍老，明度也会下降一些，绿色显得暗一些。

马大哈： ③ 含黄多的绿色的辨识：图4-66由于C逐步减少，Y与C的差距越来越大，颜色由绿色向草绿色至黄绿色变化，色调也逐步向暖色变化。含黄多的绿色显得艳丽、稚嫩，富有生机。

老　狼： 你的观察能力不错，当我们仔细观察刚生长出来的小草的叶牙时，发现叶牙显得十分稚嫩，就是因为叶牙中含有较多的黄色。

马大哈： ④含相反色M的绿色的辨识：在图4-67中，由于加入了绿色的补色品红色，使绿色产生了一定的灰度，绿色的饱和度降低，明度也下降，并且随着M网点百分比逐步增大，颜色由绿色逐渐向浅灰绿至暗绿色变化。

老　狼： ⑤含黑色的绿色辨识：是的，因为绿色的补色"品红色"的加入，按色料互补原理："G+M=K"，黑色的产生，自然就降低了绿色的明度与饱和度，与图

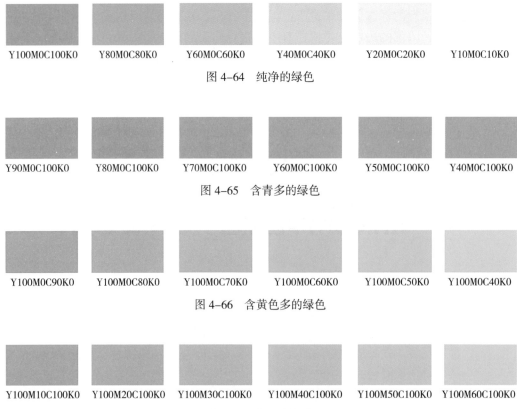

| Y100M0C100K0 | Y80M0C80K0 | Y60M0C60K0 | Y40M0C40K0 | Y20M0C20K0 | Y10M0C10K0 |

图 4-64　纯净的绿色

| Y90M0C100K0 | Y80M0C100K0 | Y70M0C100K0 | Y60M0C100K0 | Y50M0C100K0 | Y40M0C100K0 |

图 4-65　含青多的绿色

| Y100M0C90K0 | Y100M0C80K0 | Y100M0C70K0 | Y100M0C60K0 | Y100M0C50K0 | Y100M0C40K0 |

图 4-66　含黄色多的绿色

| Y100M10C100K0 | Y100M20C100K0 | Y100M30C100K0 | Y100M40C100K0 | Y100M50C100K0 | Y100M60C100K0 |

图 4-67　含 M 的绿色

Y100M0C100K10　Y100M0C100K20　Y100M0C100K30　Y100M0C100K40　Y100M0C100K50　Y100M0C100K60

图 4-68　含 K 的绿色

4-68中加入K产生的效果一样。

马大哈：也就是随着K网点的不断增大，绿色变得越来越暗，其饱和度和明度都相应的降低。

项目训练六：辨识与调控绿色系颜色

一、训练目的

1. 学会辨识绿色系颜色

2. 训练调控绿色系颜色的技能

二、训练内容

通过对图4-69~图4-71绿色系的辨识与调控实践体验，来实现训练目的。

三、步骤

例一：绿色系草地的辨识与调控

老　狼：①分析颜色构成：绿色是由Y+C混合而成，Y和C的网点大小决定了其颜色的偏向。Y＞C，呈现出草绿色，C＞Y呈现出深绿色或青绿色。由于人眼能分辨的绿色数较少，因此，绿色与红色一样，也有较大的宽容度，即绿色有少许变化，人眼也看不出差别，仍认为是相同的，这给绿色的印刷复制带来方便。图4-69（a）中，植物的绝大部分叶子的YMCK网点构成，都是Y＞C，因此，叶子呈现出嫩绿色，植物叶显得生机勃勃。

（a）C38%M0%Y90%K0%

马大哈：②调控绿色系：调用Photoshop中的"图像/调整/曲线"工具，选中"C"通道，增加"C"的值，使C＞Y，植物的叶子从较鲜嫩的绿色变成较深一些的深绿色，显得成熟一些，如图4-69（b）所示。

老　狼：虽然可以看出两幅图中植物叶子颜色的变化，图4-69（b）中草叶的颜色要显得成熟些，但如果没有两幅图对比，任何人都会认为两幅图中的绿色都是可以接受的。

（b）C50%M0%Y90%K0%

图 4-69　绿色系草地的辨识与调控

但从图中取样点的数值变化来说，C的网点值增加了12%，还是很大的。

例二：含有较多M与K的绿色植物颜色的辨识与调控

老　狼：① 分析颜色构成：图4-70（a）是一幅绿色植物的图像，由于绿色中含有较多的M与K的成分，且C比Y大，因此画面中的植物显得成熟，整个色调也偏冷。

马大哈：② 调控绿色系：调用Photoshop中的"图像/调整/可选颜色"工具，选"绿色"通道，降低"C"，和"M"的值，则图像变化为图4-70（b）的情形。此时图像的植物显得要鲜活些，色调也向暖色变化，植物的叶子也没有图4-70（a）成熟。

C72%　　C61%
M28%　　M14%
Y64%　　Y64%
K40%　　K40%

（a）　　　　　　　　　　（b）

图4-70　含有较多M与K的绿色植物颜色的辨识与调控

例三：Y>C的绿色植物颜色的辨识与调控

老　狼：①分析颜色构成：图4-71（a）中，由于绿色中的Y>C，所以绿色看起来鲜嫩，充满生机和活力，整个色调也偏暖。

②调控绿色系：调用PS中的"图像/调整/可选颜色"工具，选"绿色"通道，增加"C"，降低"Y"值，则图像变化为图4-71（b）的情形，植物显得苍老，色调也偏向冷色变化。

C61%　　C75%
M20%　　M20%
Y98%　　Y71%
K7%　　　K1%

（a）　　　　　　　　　　（b）

图4-71　Y>C的绿色植物颜色的辨识与调控

例四：增加绿色植物中"M"值的颜色调校

老　狼：① 分析颜色构成：一般说来，人们喜欢Y≥C的绿色。绿色在表现植物的颜色时，M与K的网点百分比应比C、Y 小很多时，植物的颜色才鲜艳、充满生机，如图4-72（a）所示。

② 调控绿色系：如果增加绿色的相反色"M"值，就会降低绿色的饱和度，植物就显得很苍老，没有生机，表现得像要枯死或者是非常缺陷营养的状态，是一种很难看的绿色。如调用PS中的"图像/调整/可选颜色"工具，选"绿色"通道，增加"M"值，则图像变化为图4-72（b）的情形，十分难看。

C62%
M26%
Y64%
K5%

（a）

C62%
M51%
Y64%
K5%

（b）

图4-72　增加绿色植物中"M"值的颜色调校

（2）绿色系颜色在设计中的应用（拓展）

老　狼：绿色是永恒的欣欣向荣自然之色，代表了生命与希望，也充满了青春活力。绿色象征着和平与安全、发展与生机、舒适与安宁、松弛与休息，有缓解眼部疲劳的作用。

绿色系标志设计案例一：

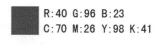

R:40 G:96 B:23
C:70 M:26 Y:98 K:41

R:254 G:17 B:7
C:0 M:26 Y:99 K:0

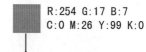

R:254 G:232 B:222
C:1 M:11 Y:11 K:0

图 4-73　绿色系标志设计（一）

图4-73以绿色为主色调，主色是有点黄色倾向的绿色，并辅以同类色系或邻近色系烘托主色调作用的标志。从CMYK数值上可以看到Y为98，绿色特性较明显。点睛色红色的R数值为254，CMYK模式Y数值99，在色轮表上偏向于橙色方位的红，因此倾向于暖红色，稍有些醒目和鲜艳，突出底图的图形。

绿色系标志设计案例二：

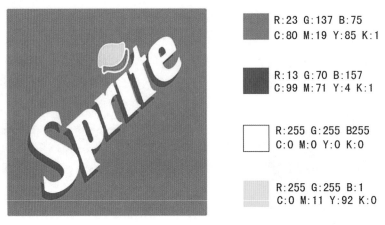

R:23 G:137 B:75
C:80 M:19 Y:85 K:1

R:13 G:70 B:157
C:99 M:71 Y:4 K:1

R:255 G:255 B255
C:0 M:0 Y:0 K:0

R:255 G:255 B:1
C:0 M:11 Y:92 K:0

图4-74　绿色系标志设计（二）

老　狼：对比上一张图，图4-74标志的绿混合了其他少许颜色，C值增加了，M、Y、K值减少，因此离正绿色稍有些偏差，偏向蓝色。由于绿色本身的特性，所以整个画面看起来很安稳舒适。该标志的配色很少：最大色块的翠绿，第二面积的白色，点睛的黄色，但得到的效果却是强烈的、显眼的，达到充分展现产品主题的目的。

绿色系标志设计案例三：

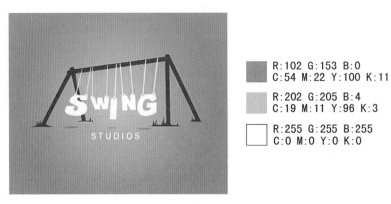

R:102 G:153 B:0
C:54 M:22 Y:100 K:11

R:202 G:205 B:4
C:19 M:11 Y:96 K:3

R:255 G:255 B:255
C:0 M:0 Y:0 K:0

图4-75　绿色系标志设计（三）

图4-75标志中以高纯度的绿，大面积明度稍低的黄绿色为主要色调，饱和度却非常高，Y的数值达到了100%，C的数值减少，辅助色使用了提高明度的嫩绿色和白色，这两种辅色除了增加画面层次感的同时，还能让整个配色有透亮的感觉，增强了绿色的特性。这种主、辅色调黄绿色的大面积地使用并不刺目，反而使得页面看起来很有朝气、活力。

3. 如何辨识与调控蓝色系颜色?

老　狼：蓝紫色属于二次色，由M+C组成，位于青色和品红色之间。如含青色多，就形成偏冷的蓝色；如含品红色多，就是蓝紫色，但颜色也是偏冷的，其互补色是黄色。

(1) 蓝色系的辨识与调控

马大哈：① 纯净的蓝色的辨识：从图4-76可以看出，随着C，M的网点百分比逐步减少，它们的亮度越来越高，饱和度越来越小，蓝色感觉越来越弱。

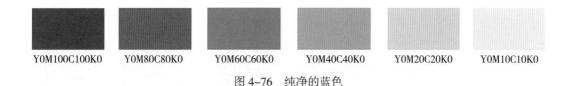

| Y0M100C100K0 | Y0M80C80K0 | Y0M60C60K0 | Y0M40C40K0 | Y0M20C20K0 | Y0M10C10K0 |

图 4-76　纯净的蓝色

老　狼：是的，网点越大，传递的油墨越多，叠印混合的颜色就越鲜艳，越显眼。

马大哈：② 含品红多的蓝紫色的辨识：图4-77所示为M多于C的蓝色。由于C逐步减少，蓝色向蓝紫色变化，直至变化到紫红色。这一类颜色其实就是我们俗称的紫色，对吗?

| Y0M100C90K0 | Y0M100C80K0 | Y0M100C70K0 | Y0M100C60K0 | Y0M100C50K0 | Y0M100C40K0 |

图 4-77　M>C 的蓝色

老　狼：③ 含青多的蓝色的辨识：非常正确，但当C>M时，呈现出的颜色就相反了，如图4-78所示。由于含有的M逐渐减少，颜色向天蓝色变化，我们常说的蓝天就是这类颜色。

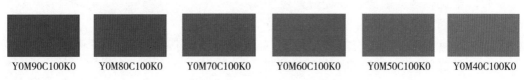

| Y0M90C100K0 | Y0M80C100K0 | Y0M70C100K0 | Y0M60C100K0 | Y0M50C100K0 | Y0M40C100K0 |

图 4-78　C>M 的蓝色

马大哈：④ 含相反色黄的蓝紫色的辨识：根据色料互补色原理，黄是蓝紫色的补色，二者等量混合时变成黑色。因此在蓝紫色中加入黄色，就相当于加入了黑色，蓝紫色颜色就会显得暗一些，呈现出深蓝紫色，其饱和度和鲜艳程度会降低，如图4-79。

Y10M100C100K0　Y20M100C100K0　Y30M100C100K0　Y40M100C100K0　Y50M100C100K0　Y60M100C100K0

图 4-79　含黄的蓝色

老　狼：⑤ 含黑色的蓝紫色的辨识：含有黑色的蓝紫色显得灰暗一些，其鲜艳程度降低。且随着黑网点百分比逐步增大，颜色由蓝紫色逐步向较暗蓝紫色变化，显得晦暗些，如图4-80所示。

Y0M100C100K10　Y0M100C100K20　Y0M100C100K30　Y0M100C100K40　Y0M100C100K50　Y0M100C100K60

图 4-80　含黑的蓝色

项目训练七：辨识与调控蓝色系颜色

一、训练目的

1. 学会辨识蓝色系颜色
2. 训练调控蓝色系颜色的技能

二、训练内容

通过对图4-82~图4-85蓝色系的辨识与调控实践体验，来实现训练目的。

三、步骤

老　狼：蓝色特点分析：从色度图4-81可以看出"蓝紫色的颜色宽容度最小"，但是人眼能分辨的蓝紫色数量又较多，因此，处理蓝紫色要特别严格地控制，否则网点百分比有少许变化就可能产生另外一种蓝紫色，导致印刷品达不到客户要求而成为废品。

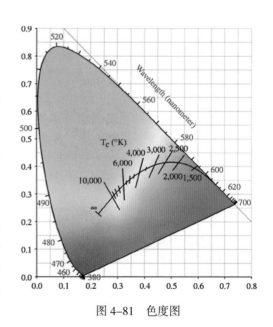

图 4-81　色度图

另外，RGB色彩模式的蓝紫色向CMYK模式转变时，显示器上蓝紫色的色相会有较大的改变，特别是饱和度高的鲜艳蓝色在转变为CMYK色彩模式时更明显。因为RGB色空间能够表现的蓝紫色比CMYK的蓝紫色要丰富得多，有些蓝紫色用CMYK没办法准确表达，只有用相近的CMYK组合色，即用低饱和度的蓝紫色来代替。由于蓝紫色很丰富，同一套分色片在不同的厂家印刷时所用油墨可能不一样，且网点扩大也可能不一样，印刷颜色会有些差异。这一点要引起高度的重视。

例一：蓝色系天空的辨识与调控

老　狼：① 分析颜色构成：图4-82是由一幅RGB色彩模式的图像转换为 CMYK的。原先RGB模式图像的天空颜色在电脑显示器上显示得十分艳丽（这里没有办法表示），与草地景物颜色也十分协调，转换为CMYK模式的图像后就变为图4-82（a）了。这里天空的颜色较灰暗，在显示器上可以很明显地看出颜色的波动。

马大哈：② 调控蓝色系：调用Photoshop中的"图像/调整/可选颜色"工具，选中"蓝色"通道，增加"C"的值，降低"M"值，图4-82（a）变为图4-82（b）了，此时天空的颜色就要明亮艳丽一些，天空看起来更清新秀美。从图中取样点的颜色值来看，图4-82（a）的取样点颜色为C64%M38%Y0%K0%，而图4-82（b）的取样点颜色值为C77%M33%Y0%K0%，两图的差别在于C与M的差值增大了。因此在处理天空的蓝色时，应该注意M、C的差值的大小，一般C要比M大30%为好。

C64%
M38%
Y0%
K0%

C77%
M33%
Y0%
K0%

（a）　　　　　　　　　　　　　　　（b）

图4-82　蓝色系天空的辨识与调控

例二：蓝色系大海的辨识与调控

老　狼：① 分析颜色构成：图4-83（a）是一幅海境图片，海水颜色几乎都是由纯粹的C组成的颜色，故海水显得清澈、透明。

图4-83　蓝色系大海的辨识与调控

马大哈：② 调控天蓝色系：调用Photoshop中的"图像/调整/可选颜色"工具，选中"青色"通道，增加"洋红"的值，图4-83（a）变为图4-83（b）了，此时海水有一点点紫色的味道，但看起来海水感觉还可以。如果继续增加"洋红"的数值，变为图4-83（c），此时的海水明显偏紫红了，显然与真实海水颜色不符，不好看。三者调节前后的取样点数据见图中所注。可见表现水的蓝色与天空的蓝色一样，应注意C与M的差值的大小，一般C要比M大30%为好。

　　　　　例三：朝霞的紫红色系辨识与调控

老　狼：① 分析颜色构成：蓝色系的颜色有一部分是主色的M比C大，色相偏紫、蓝紫、紫红的颜色。这类颜色主要用于表现早上的朝霞以及一些花卉的颜色，如图4-84的图像就是一幅朝霞境色图片。

图4-84　朝霞的紫红色系辨识与调控

马大哈：② 调控紫红色系：调用Photoshop中的"图像/调整/可选颜色"工具，选中"洋红"通道，降低"洋红"的值，见图中数据，此时图4-84（a）变为图4-84（b）了，这时的朝霞的紫红色降低，没有图4-84（a）好看了。

　　　　　例四：蓝紫色花卉的辨识与调控

老　狼：① 分析颜色构成：花卉的主色调是紫色，其大多数颜色的CMYK组成中M比C值大，如图4-85（a）所示。

（a）　　　　　　　　　（b）　　　　　　　　　（c）

图4-85　蓝色系花卉的辨识与调控

马大哈：② 调控紫色系：调用Photoshop中的"图像/调整/可选颜色"工具，选中"蓝色"通道，降低"洋红"的值，此时图4-85（a）变为图4-85（b）了，见图中数据，这时的花花卉向青色变化，呈现紫蓝色，没有图4-85（a）好看了。

老　狼：如果将"蓝色"通道中的"洋红"增加，让M超出C很多，则图中花卉变成图4-85（c）的样子了，花卉的颜色向品红色方向变化，呈现出紫红色。读者可以从图中取样点的颜色数值去体会颜色的变化。

（2）蓝紫系颜色在设计中的应用（拓展）

老　狼：看到大海和天空会使人自然地想起蓝色，也会使人产生一种爽朗、开阔、清凉的感觉，如图4-86所示的蓝色天空。作为冷色的代表颜色，蓝色会给人很强烈的安稳感，同时蓝色还能够表现出和平、淡雅、洁净、可靠等多种感觉。

案例一：对比强烈的蓝色系的海报设计

图 4-86

老　狼：蓝色的朴实、稳重、内向性格，衬托那些性格活跃、具有较强扩张力的色彩，运用对比手法，同时也活跃画面。另一方面又有消极、冷淡、保守等意味。蓝色与红、黄等色运用得当，能构成和谐的对比调和关系。如图4-87以蓝色为主色调的海报，运用了深蓝与红色的强对比效果。蓝色是冷色系中最典型的代表了，而红色是暖色系里最典型的代表，两冷暖色系对比下让海报的色彩对比异常强烈且兴奋，很容易感染带动观众的激昂情绪。

红色从数值上看接近于正红色，红色对视觉传递的信息是很快的，属于高昂响亮的颜色。而黄色是明度最高的颜色，也较响亮、刺目，低纯度的黄在这里的运用能强烈地突现标题。

马大哈：我觉得这海报使用冷暖色系的对比碰撞，充满激情，能传递炽热情感、强烈刺激主题的目的，视觉冲击力真的很大。

R:1 G:109 B:148
C:90 M:31 Y:16 K:22

R:0 G:7 B:13
C:64 M:52 Y:50 K:93

R:250 G:0 B:8
C:0 M:88 Y:99 K:0

R:29 G:1 B:0
C:59 M:56 Y:52 K:89

R:194 G:177 B:11
C:18 M:25 Y:98 K:8

图 4-87　以蓝色为主色调的海报

案例二：对比强舒缓的蓝色系的海报设计

老　狼：图4-88是三幅蓝色背景的海报，图4-88（a）中C的数值最大故颜色接近纯蓝，画面比较单纯，图4-88（b）中加入少量的M和Y，所以画面颜色有点钴蓝的味道，当我们加入大量的M分量的时候，看到图4-88（c），画面程现紫蓝的效果了。

C95M0Y0K0

（a）

C82M33Y16K4

（b）

C89M70Y0K0

（c）

图4-88　蓝色背景的海报

知识归纳

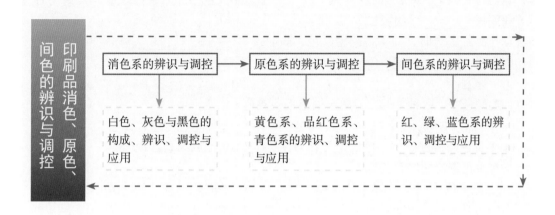

学习评价

自我评价

是否清楚了消色系、原色系、间色系颜色的构成特点？　　　□ 是　　□ 否

能根据原稿图像特点进行原色与间色的调控吗？　　　□ 能　　□ 否

小组评价

能较熟练地辨识消色、原色与间色系的颜色构成及特点吗？　　□ 能　　□ 否

能较熟练地调控消色、原色与间色系颜色吗？　　　□ 能　　□ 否

学习拓展

　　在网络上查找并收集以消色类、原色类和间色类为主色调的原稿，在印刷复制时的分色工艺控制和颜色调校的案例；并收集以消色、原色和间色为主色调的广告、标签和包装设计产品的应用案例。

训练区

一、知识训练

（一）填空题

1. 消色系随着K或者是Y、M、C三色网点_____颜色变得越来越_____。

2. 偏深绿的黄色表明黄中加入了较多的_____，而偏草绿色的黄色则表明_____多于_____。

3. 蓝紫色表明青与品红混合时_____>_____，而紫红色表明青与品红混合时_____>_____。

4. 青与等量的Y、M混合时，得到_____色，品红色中加入补色绿色，其颜色的饱和度将_____，明度也_____。

5. 黄与品红混合时，如果得到橙红色，表明_____>_____，如果得到橙黄色，则表明_____>_____。

（二）单选题

1. 下述颜色中，哪种（　　　）属于消色系列颜色。

　　（A）黑、白、灰色　　　　　　　　　　（B）绿色、白色、红色

　　（C）黄色与黑色　　　　　　　　　　　（D）品红与暗红色

2. 具有暖色调特性的颜色是（　　　）。

　　（A）橙黄色　　　　（B）蓝紫色　　　　（C）黑色　　　　（D）天蓝色

3. 在Photoshop中，对图像的颜色进行调控时对阶调影响很小的工具是（　　　）。

　　（A）图像/调整/可选颜色　　　　　　　（B）图像/调整/曲线

　　（C）图像/调整/色阶　　　　　　　　　（D）自动色阶

4. 风景图片中的树叶以绿色系为主调，如果树叶显得苍老，则说明（　　　）。

　　（A）C>Y　　　　（B）Y>C　　　　（C）Y=C　　　　（D）C>M

5. 海景图片中的海水看起来带点紫红味道，这表明（　　　）。

　　（A）M过量　　　　（B）C过量　　　　（C）Y过量　　　　（D）K过量

6. 如果一张风景图片中的花朵，有点偏蓝紫色，表明（　　　）。

　　（A）M过量　　　　（B）C过量　　　　（C）Y过量　　　　（D）K过量

7. 如果向蓝色中加入相反色黄墨，则颜色将呈现出（　　　）。

　　（A）暗蓝色　　　　（B）黑色　　　　（C）暗红色　　　　（D）暗绿色

8. （　　　）颜色是间色中人眼较敏感的颜色，在色度图中其宽容度小，印刷复制时需要严格调控。

　　（A）青色　　　　（B）蓝色　　　　（C）绿色　　　　（D）黄色

9. 宽容度较大的颜色是（　　　），印刷复制时相对容易调控。

　　（A）红色与绿色　　（B）红色与蓝色　　（C）绿色与青色　　（D）黄色与品红色

10. 在绿色系中，比较鲜嫩的是（　　　）。

　　（A）草绿色　　　　（B）深绿色　　　　（C）暗绿色　　　　（D）青绿色

（三）名词解释

　　1. 原色；2. 间色；3. 消色

二、能力训练

　　分析下列三组图片，比较两图的颜色状况，对存在问题的图片，指出在Photoshop中选用什么工具进行颜色调控，并进行调控体验。

情境 4– 任务 1 能力训练 1–1

情境 4– 任务 1 能力训练 1–2

情境 4– 任务 1 能力训练 2–1

情境 4– 任务 1 能力训练 2–2

情境 4– 任务 1 能力训练 3–1

情境 4– 任务 1 能力训练 3–2

三、课后活动

　　每个同学收集5张不同类别彩色图片，观察分析图片的颜色特点，并利用Photoshop中的相关工具进行恰当的调控。

四、职业活动

　　在小组内对收集到的不同风格的彩色图片进行分析比较和交流，并针对偏色图片谈谈利用Photoshop进行调校的主要方法。

学习任务2　复色与特殊颜色的辨识与调控

（建议4学时）

学习任务描述

　　印刷品的复色是由黄、品红、青三原色油墨或三原色+黑色油墨叠印而成；特殊颜色是指具有特殊金属光泽效果的颜色，如金黄色、银白色等。本任务在问题引导下，利用PS软件的相应功能，分析对比代表性的复色"橄榄色、古铜色和枣红色"，以及"金黄、银白"等特殊颜色的变化同CMYK网点间的组合关系，并通过调控实验来掌握辨识与调控印刷品的复色与部分特殊颜色的方法和技能。

　　重点：橄榄色、古铜色、枣红色与金黄色、银白色的辨识

　　难点：橄榄色、古铜色、枣红色与金黄色、银白色的调控

引导问题

1. 橄榄色的YMCK网点构成有何特点？如何调控？有何应用？
2. 古铜色的YMCK网点构成有何特点？如何调控？有何应用？
3. 枣红色的YMCK网点构成有何特点？如何调控？有何应用？
4. 金黄色的YMCK网点构成有何特点？如何调控？有何应用？
5. 银白色的YMCK网点构成有何特点？如何调控？有何应用？

一、橄榄、枣红与古铜色系的辨识与调控

马大哈：到超市去购物，常看到包装精美的红枣、古铜色的化妆品及橄榄干果等消费品，其包装的色彩都十分逼真。我想知道在印刷设计时，此类颜色的YMCK网点构成有何特点？如何调控？以及此类颜色的应用？

　　1．橄榄色系的辨识与调控

马大哈：每年新生军训，同学们穿着统一的橄榄色迷彩服（图4-89），迈着整齐的步伐，英姿飒爽、精神抖擞。橄榄色的服装给人清新、安全、协调和精神一振的感觉。从印刷复制的角度来说，橄榄色有何特点？

　　（1）橄榄色的辨识

老　狼：橄榄色是复色，是绿色系的一种颜色，介乎苔藓绿与常春藤绿之间，因颜色与果实橄榄同样而得名，如图4-90所示。在调色时，只要在黄色中加进一点黑色就可得出橄榄色，因此有时亦被称为暗黄色。在军事上，橄榄色常被用作保护色。请仔细观察图4-90和图4-91及相应的颜色构成数据。

图 4-89　橄榄色系服装

C36M32Y100K27	橄榄色
C37M31Y85K23	苔藓绿
C71M22Y73K23	常春藤绿

图 4-90　橄榄果与不同的橄榄色

C:22 M:21 Y:77 K:7

C:40 M:27 Y:96 K:27

C:39 M:40 Y:97 K:39

C:61 M:51 Y:58 K:85

图 4-91　典型的橄榄色

马大哈：从上面两幅图片及数据可以看出，呈现橄榄色时，原色中Y网点最大，其次是C网点，最小的是M网点，同时还有一定量的K，颜色总体上偏向黄色的绿。

老　狼：是的，但成熟的橄榄果与正在生长期的橄榄果颜色还是有一定差别的，处于生长期的橄榄果颜色构成中Y＞C，但是二者的差距较小；而处于成熟期的橄榄果，Y＞C较多，如图4-92所示。

C42M4Y75K1　　　　C53M13Y99K4　　　　C16M16Y96K11　　　C3M15Y90K0

图 4-92　不同生长期的橄榄色

马大哈：通过对比图4-92橄榄果的颜色效果及相应的网点数据，可以得出：成熟的橄榄果其颜色构成中，Y大于C达到80以上；而处于生长期的橄榄果其颜色构成中Y大于C在35~46之间。在印刷复制时，如果觉得橄榄色不合要求，应如何调控呢？

（2）橄榄色的调控

老　狼：我们先看图4-93（a）处于生长期的橄榄果，颜色呈草绿色，橄榄果的颜色数据为C53M13Y99K4。利用photoshop软件，调用"图像/调整/可选颜色"工具，并选择"黄色"通道，降低"C"值，使其变成图4-93（b）所示，其颜色数据见图中标注，由于增大Y与C的差值达到70，橄榄果显得要成熟一些了。

C53　　　　　　　　　　　　　　　　　　C29
M13　　　　　　　　　　　　　　　　　　M13
Y99　　　　　　　　　　　　　　　　　　Y99
K4　　　　　　　　　　　　　　　　　　 K4

（a）　　　　　　　　　　　　　　　（b）

图4-93　生长期橄榄果

马大哈：看来充分利用PS的"图像/调整/可选颜色"工具，可以较好的调校颜色。

老　狼：是的，对于只想调校颜色，而不影响图像阶调的处理，选此工具是最恰当的。

马大哈：橄榄色在设计中应用在哪些方面？

（3）橄榄色系在设计中的应用（拓展）

老　狼：橄榄色在包装、广告和宣传册中都有广泛应用。

① 橄榄色在包装设计中的应用：橄榄果的产品包装，大多设计师都沿用果实的原色作为主色，带出了产品的清新感。由于橄榄油中的活性物质如维生素、多苯酚等遇热容易流失，用深色包装能防止营养流失。如图4-94所示。

图4-94　橄榄油包装

老　狼：② 橄榄色在广告设计中的应用：某
　　　　汽车的系列平面广告中，其中的一款
　　　　也用上了橄榄绿的色调，标榜新产品
　　　　的全新第五代全方位无死角绕视系
　　　　统，不放过每一个角落，让你出行更
　　　　安全，如图4-95所示。

老　狼：③ 橄榄色在宣传册中的应用：某餐
　　　　馆的宣传册及用品上描绘着深浅不一
　　　　的橄榄色植物图案，传递着热带特有
　　　　的气息，如图4-96所示。

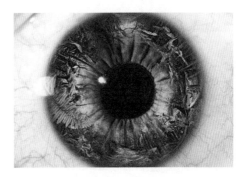

图 4-95　汽车广告

图 4-96　橄榄色为主色调的宣传册

马大哈：随着生活质量的不断提高，人们越来越注重养生之道，很多人将红枣选作养
　　　　生必备品。主产红枣的农户除了提高红枣的品质外，也越来越注重红枣包装
　　　　与品牌形象，以提高红枣的销售价格。在做红枣包装时，一般都印刷了真实
　　　　的红枣图片，对于枣红色而言其CMYK的构成有何特点？如何调控枣红色？
　　　　枣红色系设计应用在哪些方面？

　　　　2. 枣红色的辨识与调控

老　狼：枣红色属于复色，是偏向深色红的较广的色彩范围，如图4-97所示。

图 4-97　枣红色

（1）枣红色的辨识

老　狼：一般枣红色的CMYK构成数据为：C10～30　M90～100　Y90～100　K10～30，
　　　　如图4-98所示黑色方框线内颜色块。

老　狼：代表性的颜色如：枣红色 C20 M100 Y100 K10、石榴红色 C20 M80 Y60 K30、酒红色 M90 Y50 K50、深艳红色 M90 Y70 K50 、棕红色 C50 M100 Y90 K20、酱红色 M100 Y100 K50 、深红色 M100 K80 、暗红色 C80 M100 Y30 K80 这类都是偏向深色的红色类，如图4-99所示，各色块都属于枣红色类。

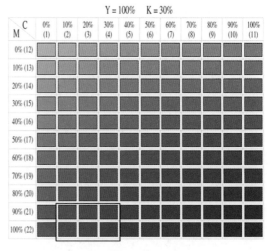

图 4-98　枣红色构成

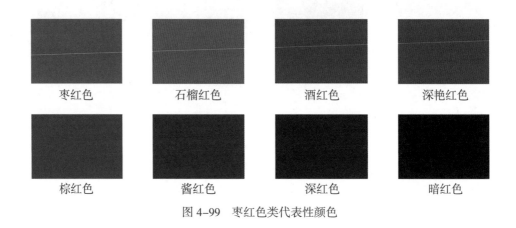

枣红色　　　石榴红色　　　酒红色　　　深艳红色

棕红色　　　酱红色　　　深红色　　　暗红色

图 4-99　枣红色类代表性颜色

从上面八组枣红类颜色的CMYK网点数据可以看出：M最大，Y与M相等或接近，C与K主要起到降低明度和饱和度的作用。C与K越大，枣红色越暗。

（2）枣红色的调控

老　狼：图4-100（a）是成熟的红枣，其取样点的颜色数据为C2M88Y64K0，比较符合枣红色的特点，但当利用photoshop软件，调用"图像/调整/可选颜色"工具，并选择"红色"通道，降低"洋红"值，使其变成图4-100（b）时，其取样点的颜色数据为C2M62Y88K0，此时Y＞M值了，颜色呈现出橙黄色，像病态的枯死的红枣，显然不好看。

C2
M88
Y84
K0

（a）

C2
M62
Y84
K0

（b）

图 4-100　成熟的红枣色

马大哈：那就是说，对于枣红色的印刷复制，一定要保持M值最大，Y与M相等或接近，C与K量较少，如果C与K越大，枣红色就显得越暗，以至于呈较深的暗红色。

（3）枣红色系在设计中的应用（拓展）

老　狼：红色与黑色的搭配在商业设计中，被誉为商业成功色，鲜亮的红色多用于小面积的点缀色，较深的红多用于背景的处理，如图4-101所示。

C：25
M：95
Y：100
K：20

图 4-101　枣红色系商业广告

从图4-101中的数值上看，红色添加了C和K令饱和度稍降低，因此该红色大面积使用不会觉得刺激或不舒服，使得页面的节奏呈现缓和。辅助色黑色的加入，与深色的红拉大明度，页面色彩元素相对活跃不少。

马大哈：我觉得这张画面颜色位置的摆放，起到平衡页面视觉，突出主题效果的作用。背景色加了渐变效果、整体与前景人物黑色对比呈浅色，前景人物黑色与背景深红色、背景深红与前景白色文字相互之间的关系，构成空间环境的视觉效果。

老　狼：这组配色中，红色是降低了明度的枣红、红色类，作为主色调和背景色大面积使用。红黑搭配色，常用于较前卫时尚、娱乐休闲、电子商务等要求个性的设计配色里。

　　　　3. 古铜色的辨识与调控？

老　狼：人们把明度较低的褐色认为是健康的色彩，常称为古铜色，如图4-102所示。而在实际场合，古铜色并不是一种色彩，而是人们对健康健美肤色的一种概括，如图4-103所示。

C0%M38%Y72%K28%

图4-102　古铜色

马大哈：古铜色的颜色在构成上有何特点？

图4-103　古铜色的肤色

　　　　（1）古铜色的辨识

老　狼：古铜色也是复色中的一大类，先观察图4-104和图4-105，并仔细对比分析各取样点的颜色构成数据。

马大哈：从上述取样点的CMYK网点数据分析可知，印刷古铜色的颜色构成：一般Y最大，其次是M，C最少，对于明度较高的古铜色，一般K较小，而较暗的古铜色K可以达到30以上。

　　　　（2）古铜色的调控

老　狼：图4-106（a）是中等明度的健美运动员古铜色肤色的半身像，其取样点的颜色数据为C18M61Y65K27和C16M49Y54K15，符合古铜色的颜色构成特点，但当利用photoshop软件，调用"图像/调整/可选颜色"工具，并选择"红色"通道，增大"青色"和"黑色"值，使其变成图4-106（b）时，其取样点的颜色数据如图所示，此时C和K值分别增加了12和4，颜色呈现出较为暗淡的古铜色，原来稍微泛红的偏色与被压下去了，看起来更显稳重，

马大哈：PS的"图像/调整/可选颜色"，确实是一个很有效的颜色调控工具。

C18M63
Y67K32

C12M33
Y33K4
C17M50
Y61K21

C17M46
Y52K19

C18M39
Y72K13

C38M46
Y64K31

C17M30
Y64K31

图 4-104　古铜色肌肤（一）

C18M66
Y83K27
C11M51
Y66K3

C16M62
Y77K12

C16M30
Y41K15

C17M33
Y40K20

C17M36
Y43K42

图 4-105　古铜色肌肤（二）

C18
M61
Y65
K27

C16
M49
Y54
K15

C30
M61
Y65
K31

C27
M49
Y54
K19

（a）　　　　　　　　　　　　　（b）

图 4-106　中等明度的古铜色

老　狼：是的，但在选择"通道"时，一定要分析其主要色是什么，然后再增加或减少其中的颜色成分。这个工具只对颜色调校起作用，对图像的阶调影响很小，所以对于选择性的颜色调控十分有效。

（3）古铜色系在设计中的应用（拓展）

在平面海报中，古铜色金属文字效果被广泛采用，让海报增添厚重及冲击感。如图4-107所示。

工艺产品中的陶瓷容器上了古铜的色彩，显得别树一格，如图4-108所示。

图 4-107　古铜色在设计中的应用（一）

图 4-108　古铜色在设计中的应用（二）

马大哈：到超市去购物，常见许多烟、酒、月饼等产品的包装盒上有金、银等特殊金属光泽的颜色效果，极大地增强了产品的尊贵感和吸引力，显著地提高了产品的附加值。我想知道这些特殊的金属色是怎么印刷出来的？其颜色构成有何特点？如何调控？

二、金色的辨识与调控

老　狼：随着中国经济的不断发展，人民的物质文化生活水平不断提升，产品日益的丰富，产品生产商越来越重视产品的包装了。许多著名品牌为了突出其价值，往往采用一些特殊的油墨来对其包装进行印刷，一方面可提升品牌形象，提高产品的诱惑力和附加值；另一方面起到保护品牌的作用，增加仿冒的难度。为满足此种需要，油墨厂家开发生产出各种特殊的油墨：如金墨、银墨、荧光墨、珠光油墨等系列产品。但有部分金属颜色采用CMYK四色叠印呈现，也达到了不错的效果。

（1）金色的辨识

老　狼：金色是一种近似金的颜色，它并不是一种单色，而是渐变的黄色，在彩色印刷中，常采用CMYK四色叠印的方式来模拟金色效果，我们先仔细观察图4-109。

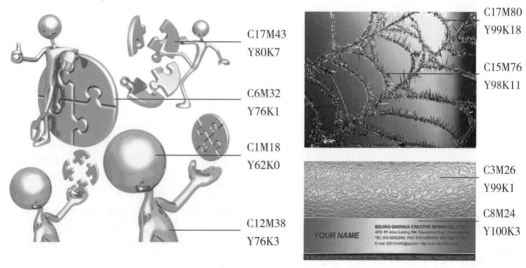

图 4-109　金色

马大哈：通过观察图4-109及相应颜色的网点数据，可得出印刷出金色效果，必须要满足如下要求：

> 1．Y最大，M其次，C值排第3位，K最小；
>
> 2．黄金：Y>60，M=20-45，C=0-20，K=0-10；
>
> 3．赤金：Y>95，M>70，C=3-20，K=11-20。

老　狼：是的，金色越黄，则Y值越大，M相对较小，如果C和K值超过10，则金黄颜色显得稍暗一些，如果C与K值较小，则金黄色显得亮一些。如果M值增大到70以上，则金色偏向红，显示出赤金的效果。

（2）金色的调控

老　狼：图4-110（a）是赤金色的枝条和金色的阳光汇聚图片，启用photoshop软件，调用"图像/调整/可选颜色"工具，并选择"黄色"通道，增大"洋红"和"黑色"值，变成图4-110（b）时，金色显得更赤色一些，而减小"洋红"值，得图4-110（c）时，偏红的程度降低，金色显得黄一些。

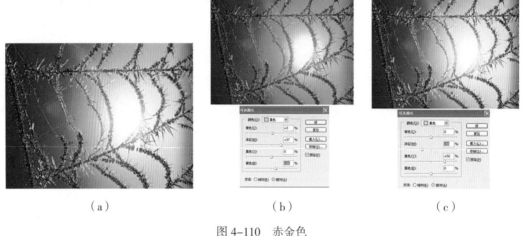

（a）　　　　　　　　　　（b）　　　　　　　　　　（c）

图4-110　赤金色

（3）金色在设计中的应用（拓展）

老　狼：金色代表了高贵，时尚，有着贵族上层社会的特点，如图4-111（a）《金色伴侣》意大利威尼斯假面系列。在画面的布局上以金色伴侣向同一方向而视，意为同心同德，画面的金色面具也是意大利文艺复兴时期制作的工艺精品。

（a）　　　　　　　　　　　　　　　　　　（b）

图4-111　金色伴侣（吕忠平画集）

《太阳神的视线》如图4-111（b）所示，此作品以金色太阳神眼具华丽锦绣羽毛冠，白色面具加上丝绒制战袍为主线，画面的美是富丽堂皇的，而太阳神的视线表达了这幅画的主题，看透人间真善美。

图4-112是云南束河古镇所有的一个古老的金钟，是它保佑了丽江的人民，人民当它神明一样对待，传说一圈为家人，两圈为亲朋好友，三圈为自己。图4-113贵宾卡的设计使用了醒目的金色，显示了高等的身份与地位。

图 4-112　云南古钟

三、银色的辨识与调控

老　狼：银色是一种近似银的颜色，它并不是一种单色，而是渐变的灰色，如图4-114所示。

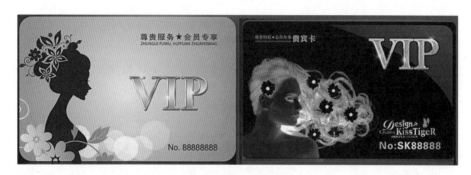

图 4-113　贵宾卡

图 4-114　银色（一）

（1）银色的辨识

马大哈：在彩色印刷复制中，银色的构成有何特点？

老　狼：较厚实的银色效果，一般由一块实地印版直接印刷银色油墨而成，但有银色层次变化的效果，一般由CMYK四色叠印而成，如图4-115所示。

C51M55
Y56K44

C37M40
Y38K13

C19M13
Y13K4

C8M4
Y4K0

图 4-115　银色（二）

马大哈：从图4-115可以看出，银色是有层次变化的，并不只是一种颜色，其颜色构成体现出灰色系列特点，较亮的银色接近高光调，较暗的银色接近暗调。如果CMY不符合灰平衡关系，银色就会偏色。因此，如果用CMYK来复制银色，必须满足灰平衡关系：

> 高光调：C多出Y与M "2%～3%"。
>
> 1/4阶调：C多出Y与M "7%～8%"；
>
> 中间调：C多出Y与M "12%～15%"；
>
> 3/4阶调：C多出Y与M "8%～12%"；
>
> 暗调：C多出Y与M "7%～10%"。

老　狼：由CMYK复制银色时，其网点构成如果不符合上述数据配比关系，银色就会出现较大偏色。

马大哈：银色出现偏色如何调控？

（2）银色的调控

老　狼：图4-116（a）是颜色正常的银圆图片，启用photoshop软件，调用"图像/调整/可选颜色"工具，并选择"白色"通道，增大"黄色"值，变成图4-116（b），银白色偏黄色；如果是增大"洋红"值，则变成图4-116（c），银白色偏紫红。

（a）　　　　　　　　　　（b）　　　　　　　　　　（c）

图 4-116　中等明度银色调控

马大哈：看来对银白色的调控，利用PS的"图像/调整/可选颜色"工具，选中"白色"通道，增加或减小某一种或几种颜色能起到较好的调控效果。

老　狼：是的，选择通道时，要根据所调控颜色的明暗程度去选择"白色"、"中性色"还是"黑色"通道。一般比较明亮的银色选"白色"通道，如果是中等明度的银色选"中性色"通道，如果是较暗些的银色，选"黑色"通道进行调控。也可分次选"白色"和"中性色"或"黑色"通道，进行组合调控。具体情况要根据图片的特点进行通道选择，边调边观看屏幕颜色效果和信息窗口中显示的CMYK的网点数据，直到满意为止。

（3）银色在设计中的应用（拓展）

老　狼：纯银的人体艺术摄影，用金属色表现了人的力量和价值，柔韧的人体曲线和动态美让人惊叹，如图4-117所示。

图4-117　银色在设计中的应用（一）

在工业设计领域，鬼才设计师马克·纽森成了"用线条造物的新神"，他一举成名、获得企业家Teruso Kurosaki赏识的Lockheed躺椅，这些如液体般圆滑，有点天真，加上了银色的外形显得科技感十足，如图4-118所示。

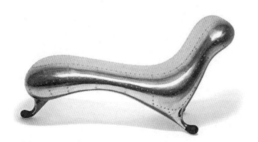

图4-118　银色在设计中的应用（二）

健怡可乐发布了秋季最新的铝罐包装，这个全新的形象是由设计师turner duckworth设计的，设计师将'D'和'k'与带有品牌签名的银色背景并置在一起，为这款秋季限量产品创造了一个大胆而定制的形象，如图4-119所示。

图 4-119 银色在设计中的应用（三）

知识归纳

```
颜色的辨识与调控 ── 印刷品复色与特殊

橄榄、古铜、枣红色的辨识与调控 ──→ 特殊金属色的辨识与调控

橄榄、古铜、枣红色颜色构成特点          金色、银色的颜色构成特点
橄榄、古铜、枣红色调调整方法            金色、银色的调控方法
橄榄、古铜、枣红色设计应用案例          金色、银色设计应用案例
```

学习评价

自我评价

是否掌握了橄榄、古铜、枣红印刷色的构成特点与调控方法?　　　□ 是　　　□ 否

能对四色叠印的金色与银色进行调控吗?　　　□ 能　　　□ 否

小组评价

能否阐述橄榄、古铜、枣红印刷颜色构成特点及调控方法?　　　□ 能　　　□ 否

能否分析四色叠印金色与银色的网点构成特点并能进行针对性调控?　　　□ 能　　　□ 否

学习拓展

在网络上查找收集生产橄榄、古铜与枣红色为主色调的印刷品的经验与调控技巧的案例？收集查找印刷金色与银色产品的生产经验与调控技巧。

训练区

一、知识训练

（一）填空题

1. _____、_____与_____为油墨的代表性复色。

2. 橄榄色有时也称作_____、其颜色总体上是偏向黄的_____色。

3. 枣红色是偏向_____的_____色类颜色。

4. 人们将明度较低的褐色称为_____。

（二）单选题

1. 古铜色中的C、M、Y、K网点构成值，最大的是（　　）。
　（A）C　　　　　（B）Y　　　　　（C）M　　　　　（D）K

2. 枣红色中的C、M、Y、K网点构成值，最大的是（　　）。
　（A）C　　　　　（B）M　　　　　（C）Y　　　　　（D）K

3. 橄榄色中的C、M、Y、K网点构成值，较大的应是（　　）。
　（A）YC　　　　（B）M　　　　　（C）KM　　　　（D）K

4. 用YMCK叠印金黄色时，金色越黄，则（　　）越大。
　（A）M　　　　　（B）C　　　　　（C）K　　　　　（D）Y

5. 银色是一种近似银的颜色，不是一种单色，而是渐变的（　　）。
　（A）中性灰色　　（B）浅黄色　　（C）浅青色　　（D）浅红色

（三）判断题（正确打√，错误打×）

1. 橄榄色中，如果降低Y网点值，则颜色会更加偏向黄色。　　　　　　（　　）

2. 增加枣红色中C与Y的网点值，枣红色的明度会降低。　　　　　　　（　　）

3. 减小古铜色中C的网点值，古铜色的明度会增大。　　　　　　　　　（　　）

4. 金黄色中增加M的网点值，会向赤金色方向变化。　　　　　　　　　（　　）

5. 银色中增加C的网点值，会使银色偏黄。　　　　　　　　　　　　　（　　）

（四）名词解释

1. 橄榄色；2. 古铜色；3. 枣红色；4. 金色；5. 银色

二、专业能力训练

仔细观察对比四组图片，指出"A"图与"B"图的区别，选用photoshop软件的什么工具进行颜色调控，调控的思路是什么？并进行调控体验。

情境 4– 任务 2 能力训练 1–1

情境 4– 任务 2 能力训练 1–2

情境 4– 任务 2 能力训练 2–1

情境 4– 任务 2 能力训练 2–2

情境 4– 任务 2 能力训练 3–1

情境 4– 任务 2 能力训练 3–2

情境 4– 任务 2 能力训练 4–1

情境 4– 任务 2 能力训练 4–2

三、课后活动

　　每个同学收集橄榄色、枣红色、古铜色、金黄色和银色图片各一张，观察分析图片的颜色特点，并利用Photoshop中的相关工具进行调控体验。

四、职业活动

　　在小组内对收集到的不同色调的彩色图片进行分析比较和交流，并结合调控颜色的实践体验，谈谈利用Photoshop调控颜色的体会。

学习情境 5 如何调配印刷专色

学 习 目 标

完成本学习情境后，你能实现下述目标：

知识目标

1. 能说出色料三原色、间色、复色与专色的概念。
2. 能解释色料减色混色规律、色料互补规律与专色配色原理。
3. 能说出经验配色法的条件、流程与特点。
4. 能说出电脑配色原理、电脑配色系统的构成。
5. 能概述电脑配色流程。

能力目标

1. 能用经验配色法调配深色专色油墨。
2. 能用经验配色法调配浅色专色油墨。
3. 能使用电脑配色系统调配专色油墨。

建议 12 学时完成本学习情境

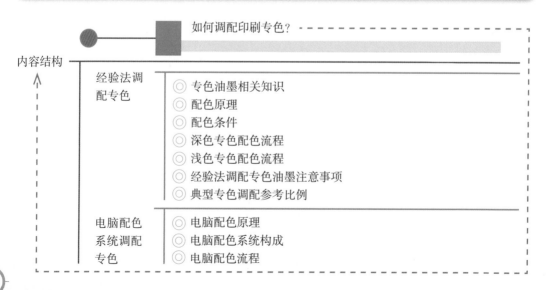

如何调配印刷专色？

内容结构

经验法调配专色
◎ 专色油墨相关知识
◎ 配色原理
◎ 配色条件
◎ 深色专色配色流程
◎ 浅色专色配色流程
◎ 经验法调配专色油墨注意事项
◎ 典型专色调配参考比例

电脑配色系统调配专色
◎ 电脑配色原理
◎ 电脑配色系统构成
◎ 电脑配色流程

学习任务 1　经验法如何调配印刷专色

（建议 6 学时）

学习任务描述

　　印刷企业在生产中经常要根据客户的要求调配专色油墨，尤其在证券印刷、广告商标印刷、地图印刷、包装印刷作业中需要大量使用专色。本任务通过问题引导和对话交流讨论，来理解调配专色油墨的缘由，深化对色料减色混色规律的理解和应用、掌握配色原理及专色油墨调配过程中需要注意的事项。通过调配"深红色、浅黄色"油墨的训练过程，来掌握经验法调配专色油墨的流程和技能。

　　重点：配色原理、配色流程与配色操作

　　难点：色样分析

引导问题

1. 彩色印刷为何要调配专色油墨？
2. 调配专色油墨的原理是什么？
3. 什么叫经验调色法？经验调色法需具备什么条件？
4. 深色专色油墨调配有何特点？浅色专色油墨调配有何特点？
5. 经验调色法的调色流程分为几步？
6. 经验法调配专色油墨时需要注意什么？

马大哈：到印刷公司参观，经常看到机长在机台旁边调配专色油墨，我感到纳闷：YMCK四色按任意比例混合，不是可以得到任意的颜色吗？为什么还要调配专色油墨？

一、为什么要调配专色油墨

老　狼：你提的问题是很多初学印刷者都曾有过的。从色料减色混合原理来说：YMCK四色按任意比例混合可以得到任意的颜色，任何颜色通过四色加网叠印都可以实现色彩的复制再现。但实际印刷生产并不能完全达到理想的效果，其原因有以下几方面：

　　① 许多包装类产品（如中高档烟盒、酒盒、化妆盒、商标类包装盒等）颜色特别（如金属色、荧光色、珠光色等），其颜色质量要求很高，有的还需要具有防伪功能（如热至变色、光致变色等），一般四色油墨YMCK达不到上述效果。

　　② 虽然YMCK叠印可以呈现相当部分的专色，但是其印刷油墨的厚度、饱和度、颜色稳定性和均匀性等方面，与专色印刷相比，还是有一定的差距。

③ 即使部分专色用YMCK四色叠印能够100%再现，但四色印刷需要制作四块印版，印刷工艺复杂，增加了材料，浪费了时间，降低了生效率，增大了成本。对印量不大的产品来说，采用四色叠印的方式去实现，也是不明智的。

马大哈：我明白了，专色印刷必不可少，专色印刷是怎样进行的呢？

老　狼：专色印刷就是使用一块印版印刷某一专色油墨，多数情况下这块印版是实地（100%网点），少数印版是平网或过渡网。一般把常用油墨之外由客户指定的某一颜色油墨称为专色油墨。用此印版传递事先调配好的专色油墨，经压印而成。不管是柔性版印刷、平版胶印、还是凹版印刷方式，一个专色都是用一块印版印刷。实际生产中，专色印刷往往与四色加网叠印结合起来进行，如通常所说的4+1，4+2等印刷工艺，这里的"1"或"2"是指在YMCK四色加网叠印的基础上，再增加1个或2个专色印刷单元。五色印刷机、六色印刷机就是专门满足这种印刷工艺需求的。四色与专色印刷结合起来，一次性印刷完成任务，可显著地提高生产效率，而专色油墨是专色印刷的基础。

马大哈：看来专色油墨调配很重要，专色油墨依据什么原理进行调配？怎样调配？

二、油墨颜色分类与专色油墨调配原理

老　狼：要弄明白专色油墨的配色原理，首先要清楚油墨颜色的分类。印刷所用的油墨其颜色分为原色、间色与复色三大类。原色：是指Y、M、C三种，它们是无法用其他颜色混合得到的。间色：是指用两种原色墨调配而成的颜色，如红、绿、蓝等。复色：是指用任何两个间色或三个原色相混合而调配出来的颜色。

马大哈：在进行油墨颜色调配时，是以原色油墨为基础进行的吗？

老　狼：是的，因为从理论上来说，色料三原色按任意比例混合，可以调配出任意颜色，因此，专色油墨调配也是依据色料减色混合原理，以色料调和方式得到同色异谱色的混色过程。即任何一种颜色都可以用Y、M、C三种原色的两两之间，

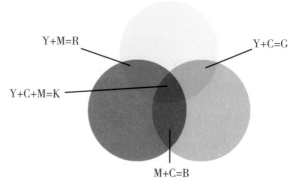

图5-1　色料减色法

或三者之间按不同比例混合而成，如图5-1所示。但在实际调墨时，有时也辅以油墨厂生产出来的红、绿、蓝间色墨进行调配。

除此原理外，还利用到色料互补原理：即两颜色混合呈黑色，则两颜色互为补色。如图5-2所示。

图 5-2 色料互补律

马大哈: 就是说在进行油墨调配时，如果发现所调配出来的颜色偏向某一色，可以通过增加其所偏颜色的互补色来消除其偏色现象。

老　狼: 是的，如发现所调配的颜色偏蓝，加入适量蓝色的补色黄色油墨就可很方便地消除偏蓝色现象了，因为黄色吸收掉蓝色变为黑。在实际印刷生产中，可以充分利用色料互补色原理，将每天各印刷机台多余的油墨集中起来混合成一种颜色，然后加入适量的补色墨，调成黑色油墨，用于黑色文字印刷。

三、经验法调配深色专色油墨

马大哈: 我们所看到的各种商品都有精美的包装，其表面由印刷油墨呈现的颜色可谓千差万别，既有较暗的深色，也有很浅淡的明亮色。对专色油墨而言，其颜色有无类别之分？

1. 深色专色油墨的概念与特点

老　狼: 在实际印刷生产中，按调配专色油墨时是否增加冲淡剂（白墨、透明油或亮光浆）来划分类别。如果仅用三原色或间色（红、绿、蓝）原墨，不加任何冲淡剂调配油墨的方法，统称为深色油墨调配法，所调出来的油墨就称为深色专色油墨，包括间色深色墨和复色深色墨。

马大哈: 当今的印刷公司进行深色油墨调配时，一般采用什么方法？

2. 深色专色油墨的调配方法

老　狼: 一般中小型印刷公司较多采用经验调色法进行专色油墨调配，比较规范的中型印刷公司和一般大型的印刷公司都有专门的调墨室，采用电脑配色系统进行专色油墨调配。但从整个印刷业的使用面来讲，绝大多数还是采用经验调色法。

马大哈: 何为经验调色法？

老　狼: 经验调色法：是指利用色料减色混合原理，对照色样，凭借配色人员对色样的分析和经验判断，进行调色的方法。图 5-3 就是典型的经验调色十色图。利用此图可以判断颜色的变化趋势。当三原色油墨混合时，如果品红墨量最大，就向枣红色方向变化；如果黄色墨量最大，就向古铜色方向变化；如果青色墨量最大，就向橄榄色

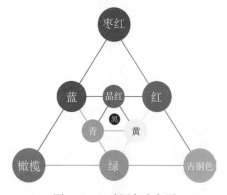

图 5-3 经验调色十色图

方向变化。如果两原色间等量混合，就变成其对应的三角形顶点的颜色。但随着潘通色卡的广泛应用，现在印刷公司进行专色调配时，一般对照潘通色卡中色样的颜色构成数据，再结合经验调色法进行颜色分析与调色。

潘通色卡的应用很简单，前面已学过，但一定要分清色卡用纸的类别，如是铜版纸还是亚光纸等。

马大哈：看来熟记经验调色十色图很有必要。按经验调色法进行深色专色油墨调配时需要具备什么条件？按什么流程进行调配？

老　狼：我们以调配深色红色油墨和浅粉红色油墨的案例来学习和掌握深色专色油墨调配的全部内容。

3. 经验法调配深色专色油墨流程

老　狼：（1）明确任务

请按图5-4所示色样，调配10公斤印于铜版纸上的深色红墨。

（2）条件准备

图5-4　深红色专色

实验场地：油墨配色实验室。

实验材料：黄、品红、青、黑四色油墨。

仪器设施：爱色丽（X-rite）密度计1台、电子天平1个、配置D65标准光源的看样台（或比色箱）1个、调墨刀、玻璃片，纸片若干。

（3）配色流程

① 分析色样、确定原色墨：根据所给色样（图5-4）显示的色相进行分析，可知调出深红色专色所用的油墨应为品红墨、黄黑和黑墨。

② 原辅材料的准备：选用同型号的三原色油墨和黑墨备用，如图5-5所示。精细产品可选用亮光快干油墨，一般产品可选用树脂型油墨。本次调墨选用SKINON亮光快干中黄、洋红墨和黑色油墨。

图5-5　胶印亮光快干油墨

老　狼：③ 检验所用原墨色样、确定比例：选用铜版纸片（此纸与印刷用纸相同），用手工打样法（如图5-6所示操作方法）分次打出洋红色墨、中黄墨和黑墨的色样，分析其色相特点，再结合色料减色原理，确定出调配此纸袋底色——

深红色墨所用的洋红墨、中黄墨与黑墨的大致比例为5∶4.5∶0.5（注：此环节也可借助潘通色卡，确定所用色墨的比例）。

图 5-6　手工打色样

 小提示 　　手工打样法：如图 5-6 所示，选用印刷纸张两片，用其中一片纸角粘少许样墨涂在另一片中间，然后两纸片中间部位相对地错位，旋转一定角度快速地接触与分离运动，打匀油墨，其厚度接近实际印刷墨层厚度。

老　狼：④ 取墨称量：分次将洋红、中黄和黑色油墨从墨罐中取出，置于玻璃片上，然后分次将三块玻璃片放置于电子天平上称重，如图5-7所示，并记下具体重量。

取墨注意要点：
　　从墨罐中取墨时，应按从上到下的顺序，一层一层地取出所需的油墨，不能以挖洞方式取墨，否则油墨因结皮而造成较大浪费。

老　狼：⑤ 取墨调墨：从三块玻璃片上的油墨中，按5∶4.5∶0.5的比例，取墨并置于调墨台上进行调墨，至调匀油墨为止，如图5-8所示。

图 5-7　电子天平称重　　　　　　　图 5-8　调墨

调匀油墨方法：

少量油墨调配时，墨刀按"之"字形路径重复往返数次调匀油墨；对于较大量的油墨调配，墨刀按"倒8"形路径调匀油墨。如果有调墨机将墨放入其中搅拌均匀。

老　狼：⑥ 展色样：如果用手工打样，则按图5-6所示的手工打样法打匀小纸片色样。如果有展墨仪，则按图5-9所示IGT C1展墨仪印出色样。

老　狼：⑦ 对比评定、逐次修正：将色样靠近客户提供的标准色样，进行观察对比，如图5-10所示。严格来讲应放在标准看样台下（D65标准光源）或比色灯箱内与给定色样比较，如图5-11所示。若原稿色样有覆膜、上油、压

图 5-9　IGT C1 展墨仪印色样

光等工艺，则在调配出来的色样上需要贴透明胶带再对比分析。用目测法来判断油墨的色相、透明度、饱和度、光泽度等是否一致。若感觉与标准色样差别较大，则重复5至7步。即再取少许不足的油墨于调墨台上，继续调匀油墨、展色、对比评定，直至合格。

图 5-10　目视比色

图 5-11　比色箱比色

⑧ 测量比较色差：用密度仪分别测量"标准样"与"调配色样"的L^*、a^*、b^*值，如图5-12所示。仪器自动计算色差ΔE_{ab}值，一般产品$\Delta E_{ab}<3$，精细产品$\Delta E_{ab}<1$。

如果测定的色差在允许的范围内，则说明经验法调配的色样是符合要求的。如果色差较大，则需要重新调配。

ΔE_{ab}值越小代表色差越小，值越大代表色差越大。调配的色样相对于标准色样的颜色偏离与ΔL、Δa、Δb数字的关系如表5-1所示。

图 5-12　测量色差

表 5-1　　色差 ΔL^*、Δa^*、Δb^* 关系

色差	+	-
ΔL^*	偏浅	偏深
Δa^*	偏红	偏绿
Δb^*	偏黄	偏蓝

老　狼：⑨ 再次称重、计算比例和油墨重量：分次将三块玻璃片及附于其上的剩下的油墨，一并放到天平上称重，并记下数据，然后用初始称重数据减去此次称重的数据，差值即为实际调配深红色墨所用的洋红墨、中黄墨和黑墨的质量，换算成百分比，再乘以10，即为调配10kg深红色专色油墨所需的洋红墨、中黄色墨和黑墨的质量。

⑩ 记录数据：记录各种调配参数，将原墨的配比、油墨型号、生产厂家、纸张种类、光源条件等进行详细记录，以便下次调配同样色墨时使用。

⑪ 清理工作：调墨完毕要打扫卫生，保存好剩余的油墨，用洗墨水和抹布清洗墨刀、调墨台，清理环境卫生。

马大哈：在上述操作流程中，要注意什么？

老　狼：配色人员容易忽视配色流程中的第3步，即"打原色墨样并确定比例"，在此特别强调在实际配色中要养成首先检验所用原墨色样的习惯。

四、经验法调配浅色专色油墨

1. 浅色专色油墨的概念与特点

老　狼：凡是以冲淡剂或白色油墨为主，以深色原色油墨或间色原墨为辅的专色油墨调配，统称为浅色油墨调配。调配时，在适量的冲淡剂中逐渐加入所需色相的深色油墨，调配均匀，直到符合色样要求为止。

2. 经验法调配浅色专色油墨流程

老　狼：（1）明确任务

请按图5-13所示色样，调配5kg印于铜版纸上的浅黄色油墨。

（2）条件准备

① 实验场地：油墨配色实验室。

② 实验材料：黄、品红、青、黑四色墨、白墨、荧光橙、荧光黄等。

③ 仪器设施：爱色丽（X-rite）密度计1台、电子天平1个、配置D65标准光源的看样台（或比色箱）1个、调墨刀、玻璃片，纸片若干。

（3）配色流程

① 分析色样、确定原色墨：根据所给色样（图

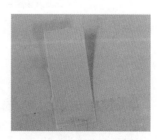

图 5-13　浅黄色专色样

5-13）分析可知，调配此浅黄色墨的主色墨是白墨，辅色墨是红和黄。经观察，实物样是带有荧光色的浅黄，很鲜艳，所以推荐用荧光橙、荧光黄、白墨去调效果会更好。

② 原辅材料的准备：选用荧光橙、荧光黄、白墨油墨备用，如图5-14所示。

图 5-14　荧光橙、荧光黄、白墨

老　狼：③ 检验原墨色样、确定比例：选用铜版纸（与印刷用纸相同），用手工打样法（如图5-6所示操作方法）分次打出荧光橙、荧光黄、白墨色样，分析其色相特点，再结合色料减色原理，确定调配此浅黄色墨比例大致为白墨∶荧光橙∶荧光黄＝7∶2∶1（注：此环节也可借助潘通色卡，确定所用色墨的比例）。

④ 取墨称量：分次将荧光橙、荧光黄、白墨从墨罐中取出，置于三块玻璃片上，然后分次将三块玻璃片放置于电子天平上称重，如图5-7所示，并记下具体质量。

老　狼：⑤ 取墨调墨：按白墨∶荧光橙∶荧光黄＝7∶2∶1的比例，从三块玻璃片上的油墨中取墨，先取含量最多的白墨置于调墨台，再取含量较少的辅助墨荧光橙、荧光黄加入到主白色墨中，并调和至均匀，如图5-15所示。

图 5-15　调匀浅色黄墨

图 5-16　打色样

老　狼：⑥ 展色样：如果用手工打样，则按图5-16所示的手工打样法打匀小纸片色样（具体操作见深色专色调配中的小提示：手工打样法）。如果有展墨仪，则按图5-9所示IGT C1展墨仪印出色样。

⑦ 对比评定、逐次修正：将调配的色样靠近客户提供的标准色样，在标准看样台下（D65标准光源）或比色灯箱内进行观察对比，如图5-17所示。若感

老　狼：觉与标准色样差别较大，则重复5至7步。即再取少许不足的油墨加入到调墨台上，继续调匀油墨、展色、对比评定，直至合格。

⑧ 测量比较色差：用爱色丽密度仪分别测量"标准样"与"调配色样"的 L^*、a^*、b^* 值，如图5-12所示。仪器会自动计算色差值 ΔE_{ab} 值，一般 $\Delta E_{ab}<3$，精细产品 $\Delta E_{ab}<1$。如果测定的色差在允许的范围内，则说明经验法调配的色样是符合要求的。如果色差较大，则需要重新调配。

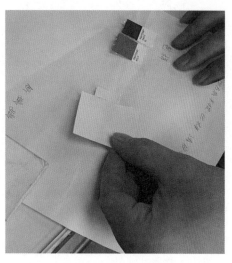

图 5-17　对比浅黄色样

老　狼：⑨ 再次称重、计算比例和油墨质量：分次将三块玻璃片及附于其上的油墨，一并放到天平上称重，并记下数据，然后用初始称重数据减去此次称重的数据，差值即为实际调配浅黄色墨所用的白墨、荧光橙、荧光黄的质量，换算成百分比，再乘以5，即为调配5kg浅黄色油墨所需的白墨、荧光橙、荧光黄的质量。

⑩ 记录数据：记录各种调配参数，将原墨的配比、油墨型号、生产厂家、纸张种类、光源条件等进行详细记录，以便下次调配同样色墨时使用。

⑪ 清理工作：调墨完毕要打扫卫生，保存好剩余的油墨，用洗墨水和抹布清洗墨刀、调墨台，清理环境卫生。

马大哈：通过深色与浅色专色油墨的调配案例学习，我清楚了调配专色油墨的原理、手工调匀油墨与打样方法、调墨流程及基本的操作技能，但在利用经验法调配深色与浅色专色油墨时，有哪些需要注意的问题？

五、经验法调配专色油墨的注意事项

老　狼：注意事项：

① 选用同一厂家、同一系列和同一个批号的油墨；

② 打样纸与印刷用纸及客户标准样纸相同；

③ 按比例大小顺序取墨放于调墨台中进行调墨；

④ 实地浅色墨的主色墨用白墨、一般要求的浅色墨用透明油、精细印刷品用亮光浆；

⑤ 用最少种类的原色墨或间色墨调配，能用二种调出决不用三种；

⑥ 善用补色墨纠正色偏，如调出的色墨偏蓝色，可加适量黄色吸收；

⑦ 新调出的色墨颜色要稍深于印样；

⑧ 兼顾印后，如印后上光，则选一般油墨即可，因为选耐磨性好的油墨，成本高，还影响上光效果。

马大哈: 除了上述8项外，还有其他需要注意的吗？

老　狼: 掌握常用油墨的色相特征，对专色调配十分重要。如黄色油墨是带黄相、蓝相还是带绿相？品红色油墨是带红相、蓝相还是紫相？青色油墨是带红相、绿相还是黄相？这些都要留心观察，并牢记于心。如果用带红相的青墨与带红相的黄墨调配绿色，则调出的绿色发暗，因为这相当于Y+M+C=K，产生了一定量的黑；如调配淡湖绿色油墨时，宜采用天蓝或孔雀蓝，切忌用深蓝去调配，因为深蓝带红味，加入必使颜色灰暗而不鲜艳，同样道理也不能采用偏红的深黄墨，而采用偏青的淡黄墨效果会更好；又如调配橘红色油墨时，尽量要用金红油墨，因为金红油墨的色相是红色泛黄光，可增加油墨的鲜艳程度。充分利用色料互补色律也是十分重要的。如黑墨偏黄，可加入微量的射光蓝，提高黑度，因为射光蓝可吸收黄。

马大哈: 油墨有轻重之分，其密度在配色时是否需要考虑？

老　狼: 调配专色时也要注意油墨的密度，密度相近的油墨容易混合，而密度相差太大，印刷时会产生浮色等弊病。如铅铬黄墨与孔雀蓝墨调配的绿色墨，放久了比重小的会上浮，密度大的会下沉，印刷时就产生浮色现象。如改用有机颜料制的黄墨，就可避免浮色现象。

六、典型专色油墨调配参考比例（拓展）

在实际生产中，一些常用的比较典型的专色，经过长期经验积累，形成了一些较实用的调配比例，可供生产时参考，具体如表5-2~表5-4所示。

表 5-2　　　　　　　　　间色深色油墨调配参考表

原色			混合比例	间色色相	
中黄	桃红	天蓝			
50	50	0	1：1：0	大红	
75	25	0	3：1：0	深黄	
25	75	0	1：3：0	金红	
50	0	50	1：0：1	绿	
75	0	25	3：0：1	翠绿	
80	0	20	4：0：1	苹果绿	
0	50	50	0：1：1	蓝紫	
25	0	75	1：0：3	墨绿	
0	75	25	0：3：1	青莲	

表 5-3　　　　　　　　　　　　复色深色油墨调配参考表

原色			混合比例	间色色相	
中黄	桃红	天蓝			
25	50	25	1：2：1	棕红	
25	100	25	1：4：1	红棕	
25	25	50	1：1：2	橄榄	
25	25	100	1：1：4	暗墨绿	
33	33	33	1：1：1	黑色	

表 5-4　　　　　　　　　　　　浅色油墨调配参考表

深色油墨	主冲淡剂 （或白墨）	混合比例 （冲淡剂：深色墨）	浅色相墨色相	
桃红或橘红	白墨	85：15	粉红	
孔雀蓝 （如需深些，略加天蓝）	白墨	80：20	湖蓝	
桃红或橘红	维力油、撤淡剂	95：5	浅红色	
孔雀蓝	维力油	95：5	浅蓝色	
桃红、天蓝	白墨	90：5：5	浅白青	
浅蓝、亮光蓝 （如需深些、略加中黄）	白墨	90：5：5	湖绿	
孔雀蓝、中黄	撤淡剂	90：7：3	翠绿	
银浆	白油、撤淡剂、 白墨	90：10	银灰	

学习任务 2　电脑配色系统如何调配印刷专色

（建议 6 学时）

学习任务描述

随着颜色科学、光电技术与计算机数字颜色处理技术的快速发展，电脑配色技术日益成熟，越来越多的印刷企业开始引进电脑配色系统调配专色油墨。本任务以问题引导和对话交流的方式，来学习电脑配色系统产生的原因、电脑配色的原理、特点，以及电脑配色系统的构成及配色注意事项；通过以"X-RiteColorMasterCM2"配色软件的配色案例，来掌握电脑配色的流程和操作技能；通过图文并茂地呈现调墨过程来加深对电脑配色系统调墨流程的印象。

重点：配色流程与配色操作

难点：配色原理

引导问题

1. 电脑配色系统产生的原因？

2. 电脑配色系统构成是什么？电脑配色的原理是什么？有何特点？

3. 电脑配色系统的工作流程是什么？

4. 使用电脑配色系统配色时需要注意什么？

马大哈：到汽车4S店，会看到电脑配色服务，到印刷公司去参观，也发现一些企业采用电脑配色系统进行专色油墨调配。经验配色已可实现专色油墨调配，为何还要引进电脑配色系统？

一、电脑配色系统产生的原因

老　狼：虽然在实际生产中大部分印刷企业采用经验调色法来调配专色油墨，但由于经验配色法常常受到配色者生理、心理因素及其他客观条件的影响，产品质量难以保持稳定，油墨浪费较大，剩余油墨利用率低。另外，依靠经验和感觉配色，只能定性，无法定量，技术的传播与交流比较困难。

二、电脑配色系统的构成、原理及特点

老　狼：① 电脑配色系统的构成：电脑配色系统是集测色仪、计算机及配色软件于一体的自动计算匹配系统，一般包括：计算机、配色软件、打样机或印刷适性仪、电子天平、分光光度仪、标准光源看样台或比色灯箱等，如图5-18所示。

② 电脑配色原理：电脑配色采用三刺激值配色法，其原理：把原色油墨与透明

分光光度计

计算机

配色软件

标准比色箱

印刷适性仪

电子天平

图5-18　电脑配色系统构成

油（亮光浆）按不同比例调匀后印成的色样，用分光光度计测量获取其颜色三刺激值，输入到计算机中，建立基础数据库。配色时，再用分光光度计获取目标色样的三刺激值于计算机系统中，按三刺激值相等颜色相同的原理，由系统计算出混合此专色油墨时所需色墨种类及其比例，并输出配方预测结果。当配色结果的墨样干燥以后，再测出其三刺激值，由计算机根据色差公式计算出色差，做出进一步修正的指令，即可迅速配制出较高质量的同色异谱色。

③电脑配色系统的特点

a．可以减少配色时间，降低成本，提高配色效率。

b．能在较短的时间内计算出修正配方。

c．将以往所有配过的油墨颜色存入数据库，需要时可立即调出使用。

d．操作简便、余墨利用、减少库存。

e．修正配方及色差的计算均由计算机数字显示或打印输出，最后的配色结果也以数字形式存入电脑中。

f．实现数据化管理，对人的经验依赖少。

三、电脑配色系统工作流程

老　狼：我们以电脑配色系统调配一个专色的案例，来学习和掌握电脑配色的全部内容。

　　1．明确任务

调配PANTONE（潘通）色卡上的1565C（颜色编号1565，C代表涂布纸）专色墨5kg。

2. 条件准备

老　狼：① 实验场地：油墨配色实验室。

② 实验材料：黄、品红、青、黑四色墨、冲淡剂（白墨、亮光浆）、绿、橙等。

③ 仪器设施：油墨配方软件Ink Formulation5.0或X-RiteColorMaster-CM2，电子天平1个、标准看样台1个、调墨刀、玻璃片，纸片若干、IGTC1印刷适性仪、计算机、分光光度计等。

3. 配色流程

老　狼：（1）基础色样制作

选用黄、品红、青、黑、绿、橙6种基础油墨和透明白墨（亮光浆）。分别按基础油墨占2%、4%、8%、16%、32%、64%、90%、100%的比例与透明白墨混合，调配成10g（精度0.001g）不同浓度的基础色墨。每种不同浓度的色墨，用IGTC1印出3条色样，如图5-19所示，并同时印出3条透明白墨色样。

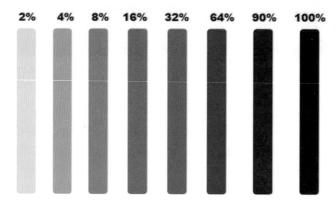

图 5-19　基础墨不同浓度色样

（2）建立基础数据库

老　狼：基础色样干燥后，用分光光度仪测量不同浓度色样的L^*、a^*、b^*值或L^*、C^*、$h°$值，一般需要做十几种基础色备用。此项工作是建立油墨基础数据库，这是电脑配色的基础。下面以X-RiteColorMaster-CM2配色软件为例展开学习。

① 编辑油墨供应商：点击X-RiteColorMaster，打开电脑配色软件界面，并在文件菜单中打开数据库，如图5-20所示。

图 5-20　打开数据库功能

老　狼：接着编辑油墨供应商：在软件首页界面的"数据库"下拉菜单中选择"编辑
　　　　供应商"弹出图5-21右侧所示对话框，填写印刷公司实际所用油墨供应商的
　　　　名称及相关信息。

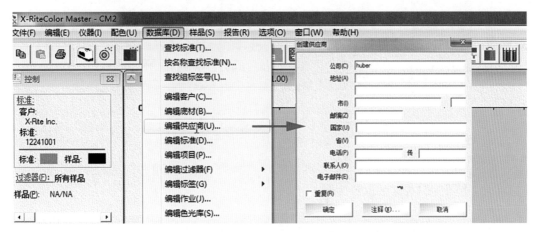

图 5-21　编辑油墨供应商

老　狼：② 创建数据库：在软件首页界面的"数据库"下拉菜单中选择"编辑数据库
　　　　集"弹出图5-22右侧所示对话框。

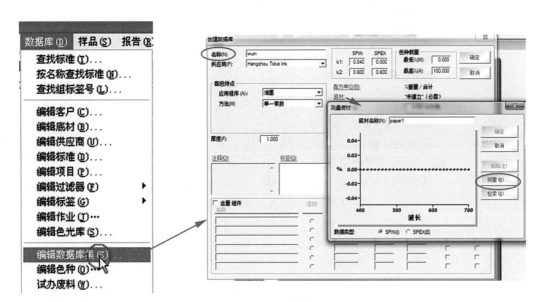

图 5-22　创建数据库

老　狼：在图5-22中的"名称"项输入"wuin"名，其他各项参数按对话框中所示内
　　　　容确定，需要提示的是"底材"项目点击后，弹出右侧小对话框，需按实际
　　　　使用的印刷纸张命名，并点按"测量"来确定承印材料的颜色特性。此时弹
　　　　出图5-23，从此图可看出纸张的颜色特性。

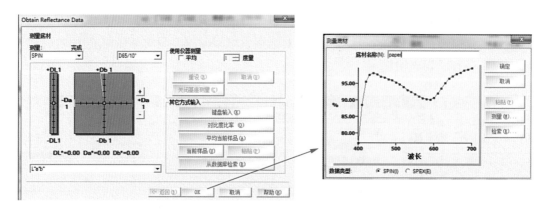

图 5-23　测量承印材料颜色特性

老　狼：③ 编辑色种：在软件首页界面的"数据库"下拉菜单中选择"编辑色种"弹
　　　　出图5-24右侧所示对话框。

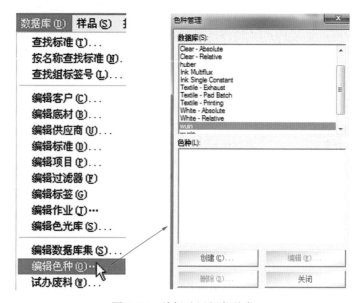

图 5-24　编辑油墨颜色种类

老　狼：点击图5-24中的"创建"菜单，弹出图5-25对话框，创建油墨特性数据。
老　狼：在图5-25中，输入油墨名称"K"，并点击图中的"数据库数据"菜单，又弹
　　　　出图5-26对话框，在此图中的红色椭圆圈内输入"2%"后，点击"添加"菜
　　　　单，接着分次输入"4%、8%、16%、32%、64%、99.99%"，分次点击"添加"
　　　　菜单一次，最后得到图5-27所示的对话框图。
老　狼：点击图5-27中的"全部测量"菜单，用分光光度仪"SP60"分次测量如图
　　　　5-19所示的色条，当测量完某一色样时，会弹出图5-28（如测量完4%的基础
　　　　色样时），点击图5-28中的"OK"菜单又弹出图5-29。当测量完全部色样后，
　　　　最后弹出如图5-30所示的"K"油墨在不同浓度下的总分光光度曲线图。然后

　　点击图5-30中的"确定"菜单，即完成了K色油墨数据库的建立。其他各种基色油墨数据库也按此流程重复操作即可。

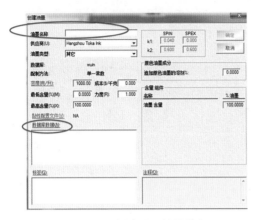

图 5-25　创建油墨特性数据

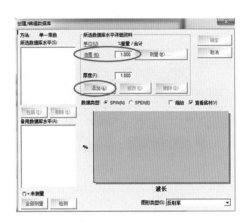

图 5-26　编辑油墨数据库

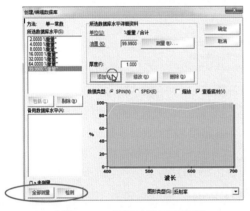

图 5-27　编辑油墨颜色数据

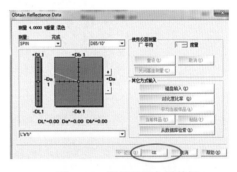

图 5-28　测量基础色样数据

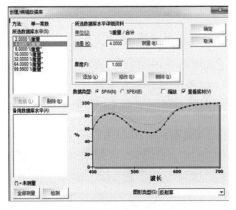

图 5-29　所测油墨分光光度曲线

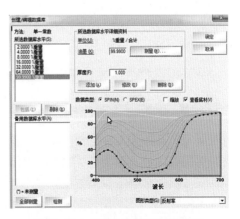

图 5-30　全部色样的分光曲线图

老　狼：（3）确定待配标准

根据客户要求设定好仪器与软件，用分光光度仪测量样本"色条"的颜色数据，软件会记录样本色的反射光谱数据。仍以X-RiteColorMaster为例展开学习。

① 创建标准：在X-RiteColorMaste配色软件首页界面的"仪器"菜单（如图5-31所示），选"创建标准"则弹出图5-32。

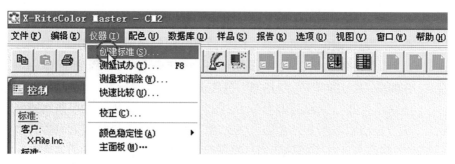

图 5-31　创建目标色样标准

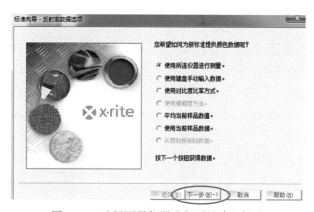

图 5-32　选择测量仪器进行测量建立标准

老　狼：② 测量待配的标准色样、并保存标准：在图5-32中，选择"使用所用仪器进行测量"，并点按"下一步"，用分光光度计测量PANTONE1565C，测量完后弹出图5-33。

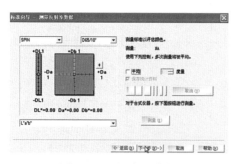

图 5-33　测量标准色样

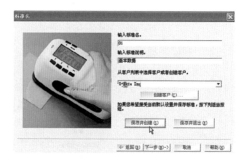

图 5-34　输入标准名称

图5-33中显示出测量的油墨数据，接着点按图5-33中的"下一步"弹出图
5-34，并在此图中输入标准色样的名称"01"，接着点按"保存并创建"菜
单，将创建的标准进行保存。

老　狼：（4）根据基础颜色数据库进行配色

油墨配方软件Ink Formulation5.0或X-RiteColorMaster，会根据测量得到的样本
标准光谱数据，用基础墨数据进行运算匹配，软件会根据设定的条件，优先
列出你最想要的配方。仍以X-RiteColorMasterCM2为例展开学习。

① 选择配色功能：在X-RiteColorMaster首页界面下拉菜单"配色"（如图5-35
所示）下面选"配色"，弹出图5-36，并点击红色椭圆圈中的"色种"菜单，
弹出图5-37对话框。

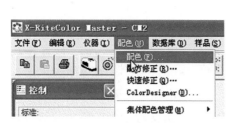

图 5-35　选择配色功能

图 5-36　颜色设置

老　狼：② 选择基础油墨，确定色种数量：见图5-37对话框，在此框图中选择数据库
中的油墨，并确定配方内色种的数目，然后点按"确定"菜单，又弹回到图
5-36。

老　狼：③ 确定底材表面的光谱特性：在图5-36中，点按"底材"选项，弹出图5-38
对话框，在此框图中输入底材名称，如"Coated Paper"，接着点按"测量"按
钮，用分光光度计测量实际印刷用的底材面色，最后点按"确定"又回到图
5-36。

图 5-37　选择基础油墨

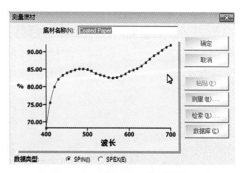

图 5-38　确定底材光谱特性

老　狼：④ 配色：在图5-36中，点按"配色"按钮，软件系统自动按所选的基础色墨进行匹配，并弹出图5-39，在图中呈现出最佳配方。如果达不到期望的效果，可换选其他基础色墨进行再次匹配，并可根据软件筛选出来的配方，在电脑上再次筛选，直到选出最合适的配方。

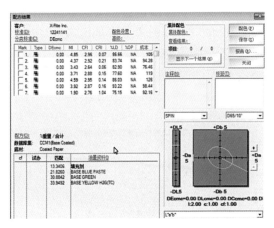

图 5-39　自动配色

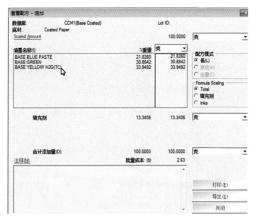

图 5-40　配色报告

⑤ 保存配方，输出报告：在图5-39中，点按"保存"按钮，将配方保存，以备调用，同时也可以通过点按"报告"按钮，弹出图5-40，输出专色配方报告单，并打印或导出报告单。

（5）称墨与调墨

按配方提供的不同基色油墨的比例，用电子秤秤取油墨，手工混合并调匀油墨。

（6）IGT印刷适性仪展色打样

混合好的油墨，装入定量注墨器中，按接近印刷的墨厚，挤出合适的墨量，用IGT展色仪印出色条。

（7）分析对比色差

色条充分干燥后，用分光光度计测量色条颜色数据至配色软件，软件会根据测得的反射光谱与样本对比，分析出差异。

（8）优化配方至合格

如果试调的油墨与样本差异太大，不合格，选择修正配方（软件会给出修正配方），按修正配方比例再加入相应的基础色墨进行混合，再展色、测量数据、重复直到配方合格。

知识归纳

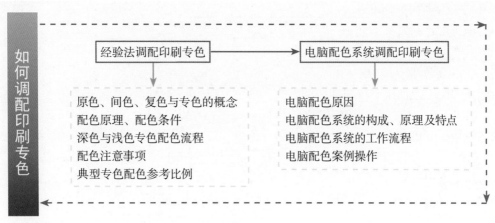

学习评价

自我评价
是否理解了经验法调配专色的原理与电脑配色原理？　　　　　□ 是　　　□ 否
能用经验法和电脑配色系统调配专色吗？　　　　　　　　　　□ 能　　　□ 否

小组评价
1. 是否积极主动地与同组其他成员沟通与协作，共同完成学习任务？
评价情况：_____
2. 完成本学习任务后，能否独立采用经验配色法调配任一专色？能否用电脑配色系统建立油墨数据库，并调配专色油墨。
评价情况：_____

学习拓展

在网络上查找并收集调配各种印刷专色油墨的经验技巧与处理方法。

训练区

一、知识训练
（一）填空题
1. 油墨颜色中，属于三原色的是_____、_____和_____，典型的三个间色是_____、_____、_____，而枣红色、橄榄色和古铜色属于_____。
2. 专色油墨调配是以_____为依据，以色料_____方式得到_____油墨的过程。

3. 深色专色油墨仅用_____或_____调配而成，浅色专色油墨是以冲淡剂或白墨为主，以_____或_____为辅调配而成。

4. 电脑配色系统一般包括_____、_____、_____、_____、_____、_____。

（二）单选题

1. 在调配专色油墨时，精细印刷品的专色色差应（　　）。

　（A）$\Delta E_{ab}<1$　　　　（B）$\Delta E_{ab}>1$　　　　（C）$\Delta E_{ab}<3$　　　　（D）$\Delta E_{ab}>3$

2. 在调配专色油墨时，一般印刷品的专色色差应（　　）。

　（A）$\Delta E_{ab}<1$　　　　（B）$\Delta E_{ab}>1$　　　　（C）$\Delta E_{ab}<3$　　　　（D）$\Delta E_{ab}>3$

3. 从墨罐中取墨时，应（　　）。

　（A）从上至下，一层层取墨　　　　　　（B）直接挖取

　（C）半边挖取　　　　　　　　　　　　（D）中间挖取

4. 手工调配较少量的专色油墨时，调墨刀应按（　　）路径，往复运动调匀油墨。

　（A）"之字"　　　　（B）"左右"　　　　（C）"上下"　　　　（D）"前后"

5. 手工调配较大量的专色油墨时，调墨刀应按（　　）路径，往复运动调匀油墨。

　（A）"6字"　　　　（B）"倒8字"　　　　（C）"9字"　　　　（D）"3字"

6. 电脑配色制作基础色样时，一般将基础原色墨与冲淡剂的比例设为（　　）7个级。

　（A）2%　4%　8%　16%　32%　64%　100%

　（B）1%　5%　10%　30%　50%　70%　90%　100%

　（C）3%　10%　40%　60%　80%　90%　100%

　（D）5%　10%　30%　50%　70%　90%　100%

7. 电脑配色系统建立基础油墨数据库时，按先后顺序一般要经过（　　）环节。

　（A）编辑油墨供应商、创建数据库、编辑色种

　（B）创建数据库、编辑色种、编辑油墨供应商

　（C）编辑色种、创建数据库、编辑油墨供应商

　（D）测量油墨、编辑色种、创建数据库

8. 电脑配色系统确定待配标准色样时，按先后顺序应经过（　　）环节。

　（A）创建标准、测量标准并保存标准　　（B）测量标准、创建标准、保存标准

　（C）保存标准、测量标准、创建标准　　（D）查看标准色样、测量、保存

9. 电脑配色系统进行配色时，按先后顺序要经过（　　）环节。

　（A）选择配色功能、选择基础油墨，确定色种数量、确定底材表面的光谱特性、配色

　（B）选择基础油墨、选择配色功能、确定底材光谱特性、确定色种、配色

　（C）确定色种、确定底材表面光谱特性、选择基础油墨、配色

　（D）配色、选择基础油墨、选择配色功能、确定底材、确定色种

10. 电脑配色系统的构成必须包括（　　）几部分。

　（A）分光光度计、配色软件，电子天平、电脑、比色灯箱、印刷适性仪

　（B）配色软件、电子天平、分光光度计、电脑、自动打样机

（C）电脑、电子天平、自动打样机、分光光度计

（D）配色软件、电脑、自动打样机

（三）判断题

1. 根据色料减色法原理，黄、品红、青以任意比例混合可以调出任意颜色，所以印刷复制不需要调配专色油墨。

2. 在调配专色时，发现所调的油墨偏黄，可以加适量补色——蓝墨吸收。

3. 掌握油墨的色相特征，对调配专色没有意义。

4. 调配专色油墨时，要选择密度相近的原墨进行调配。

5. 黑墨偏黄，可加入微量的射光蓝，提高黑度。

6. 在调配浅色专色油墨时，应先取冲淡剂，再向冲淡剂中加入少量原色墨进行调配。

7. 在专色油墨调配时，可以选用不同厂家，不同批号的原墨进行调配。

8. 进行电脑配色时，事先要建立好本公司所用原色油墨的基础颜色数据库。

9. 不管是电脑配色，还是经验法配色，所得专色与客户提供的色样相比，都是同色异谱色。

10. 电脑配色时，基础色样制作是用原墨与冲淡剂按2%、4%、8%、16%、32%、64%、90%、100%的比例混合调匀后打出的色样。

（四）名词解释

1. 色料原色；2. 色料间色；3. 色料复色；4. 专色油墨

二、职业能力训练

按经验法调配流程，调配间色"红、绿、蓝、古铜色"，并写出实验报告。

三、课后活动

每个同学对"如何调配印刷专色"学习内容进行归纳，并写出自己认为最重要和最难理解和掌握的内容。

四、职业活动

在小组内比一比谁收集到的专色油墨调配的相关资料多，对专色油墨调配的经验与技巧进行分析比较和交流，并列举出自己认为最有价值的案例。

学习情境6 如何测量与评价印刷品颜色

完成本学习情境后，你能实现下述目标：

知识目标

1. 能说出印刷品颜色质量评价的条件。
2. 能概述印刷品颜色质量评价所用的仪器与工具。
3. 能说出印刷品颜色质量评价的内容与标准。
4. 能说出印刷品颜色质量评价的方法。

能力目标

1. 能提出评价印刷品颜色质量的条件。
2. 能表述印刷品颜色质量评价的仪器、工具、内容和评价标准。
3. 能使用相应的仪器对印刷品颜色质量进行定量评价。
4. 能用工具对印刷品颜色质量进行主观的定性评价。

建议6学时完成本学习情境

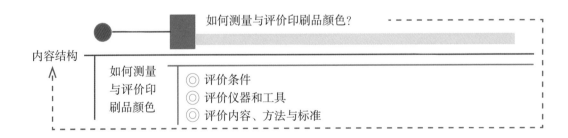

内容结构

如何测量与评价印刷品颜色？

如何测量与评价印刷品颜色
- ◎ 评价条件
- ◎ 评价仪器和工具
- ◎ 评价内容、方法与标准

学习任务   如何测量与评价印刷品颜色

（建议 6 学时）

学习任务描述

　　客户送来的原稿，经过印前处理、印刷和印后加工三大环节后，最终变成了彩色印刷品。彩色印品的颜色质量是否合格？还需要经过检验部门把关和客户认可，才算完成任务。对印刷企业而言，要确保印刷品的颜色质量合格，必须在生产中实施过程性的评价与管理，以免不合格产品流入最后环节，造成浪费。本学习情境针对印刷品颜色质量这一重要指标，通过问题引导与对话交流讨论的方式，来学习和掌握评价印刷品颜色质量的条件、内容、方法与标准；通过具体产品的测评案例，来掌握使用仪器进行客观定量测评和借助相应工具进行主观定性评价的技能。

　　重点：评价标准与评价方法

　　难点：评价标准

引导问题

1. 印刷品最重要的三个质量指标是什么？
2. 评价印刷品的颜色质量应在什么条件下进行？
3. 评价印刷品颜色质量采用什么方法？
4. 印刷品颜色质量的内容有哪些？其对应的质量标准是什么？
5. 测量印刷品颜色质量常用的仪器有哪些？常用的工具有哪些？
6. 印刷品的颜色密度值与色度值有何区别？

马大哈：印刷公司接到客户定单后，经过图像扫描分色、组版、输出印版、打样、印刷、印后加工，最后得到了印刷品。如图6-1所示的一幅原稿图片，经过印刷机印刷出来后，其颜色质量是否合格？怎样进行评价呢？

原稿　　　　　　　　　　　　　　印刷品

图 6-1　怎样评价印刷品颜色质量

老　狼：我们知道"颜色、阶调和清晰度是印刷品质量的三个重要指标"。在这三个指标之中颜色又是处于第一位的。就印刷品的颜色质量而言，要准确有效地实施评价与管理，首先必须具备符合要求的照明条件、环境条件、背景条件、观测条件、评价者的身心状态等。因为同一件印刷品在不同的照明条件、不同的环境、不同的背景、不同的观测角度以及不同的身心状态下时，人所看到的颜色都会有一定的差别。因此对影响印刷品颜色的因素必须要加以规范，以确保观察者所看到的颜色一致。

一、评价必须具备什么条件

1. 照明条件

老　狼：照明光源：由于印刷品大部属于反射体，因此应采用CIE标准照明体D65或D50的模拟体，即相关色温为6500K或5003K的标准光源；通常显色指数Ra＞95%；照度范围为500～1500Lx，具体值应视被观察样品的明度而定，明度低时即颜色越深越暗时，照度向1500Lx靠近，明度高时向500Lx靠近，一般情况下照度要大于1000Lx；光源在观察面上产生均匀的漫射光，即具有标准光源的整体装置（包括光源的反光、散射光的装置等），如图6-2所示。以使观察面的照度不出现突变，照度的均匀度不小于80%。

反射式数码样校样台　　透/反两用看样台

透射式校样台　　反射式比色灯箱

图6-2　标准看样装置

老　狼：在生产中一般选用德国JUST和飞利浦公司的标准荧光灯管，它们的显色指数可以达到97%。但要注意的是：如果观察透射原稿或透射印刷品，一定要用标准光源D50，即色温为5003K的标准荧光灯管。

马大哈：在使用标准光源时要注意什么问题？

老　狼：由于标准光源（灯管）的使用寿命一般为5000h，超过5000h，它的色温、显色指数就会降低，观察颜色就不准确，因此要注意及时更换标准灯管。

2. 环境条件

老　狼：环境应为孟塞尔明度值N6/至N8/的中性灰，其彩度值越小越好，一般应小于孟塞尔彩度值的0.3。若观察面周围的墙壁和地面不符合上述要求，应用符合上述要求的挡板将样品围起来，或者使用环境反射光，在观察面上产生的照度不小于100Lx。

马大哈：也就是说在观察原稿或印刷样品时，其周围都应是较浅灰白的中性色，不能有其他色彩存在。

老　狼：是的，如果印刷样品的周围有鲜艳的颜色存在，就会受到影响，使对其观察的结果得出错误的判断。如果你到一些顶级的印刷公司，如当纳利、中华商务等公司去参观时，你会发现他们公司在这些方面做得十分规范和标准，这也是其产品质量高，声誉好得以体现的一个侧面。

3. 背景条件

老　狼：印刷品应放在无光泽的孟塞尔颜色N5/～N7/，彩度值一般小于0.3的背景下观察，对于配色要求较高的场合，彩度值应小于0.2。但要注意，在实际工作中，要准确比较两个样品的颜色，尤其是面积较小的样品的颜色时，应将两个样品的色块拼在一起，中间不留间隙地放在看样台上进行观察比较，否则受背景色影响大，导致辨色不准，如图6-3和图6-4所示。

图6-3　拼在一起比较准确性高　　　　　图6-4　分开比较准确性降低

4. 观测条件

老　狼：观察印刷品（反射样品）时，光源与样品表面垂直，观察角度与样品表面法线成45°夹角，对应于0/45照明观察条件，如图6-5所示。也可以用与样品表面法线成45°角的光源照明，垂直样品表面观察，对应于45/0照明观察条件，但此时观察面照度的均匀度应不小于80%，如图6-6所示。当观察光泽度较大的样品时，观察角度可以在一定范围内调整，以找出最佳的观察角度。

5. 评价者心理和生理状态

老　狼：除了前面所述的条件外，评价者的生理状态必须正常，如果评价者长时间对

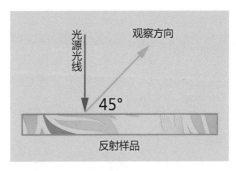

图 6-5　观察角度与印品成 45°

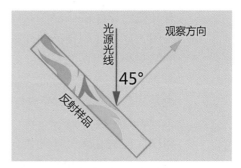

图 6-6　观察角度与印品成 90°

彩色印刷品连续评价，会由于生理上的疲劳给评价结果带来误差。此外，评价者处于狂喜、愤怒、沮丧、悲伤等心理状态时也无法对颜色质量进行正确评价。

马大哈：具备了上述条件后，对于任何一件彩色印刷品而言，评价时需要什么仪器与工具呢？

二、评价时使用什么仪器与工具

老　狼：在实际生产中，对颜色质量的评价与控制主要用到密度计（透射和反射）、分光光度仪、放大镜（10～15倍）和测控条等器材，分别介绍如下。

① 密度计：用于测量实地密度和网目调密度。密度计是印刷中最常用的仪器之一，它是用来间接确定物体表面吸收光程度的测量仪器。现在的密度仪功能很多，既可测密度、网点大小，还可能测色度值。密度计分为透射和反射两种类型。透射密度计用于测量通过透明胶片的光量，从而测量出透射密度。反射密度计用于测量从印刷品反射的光量，从而测量出反射密度。现在印刷企业使用较多的是两类密度仪，一类是美国爱色丽（X-Rite）系列密度仪，另一类是瑞士的格林达-麦克贝斯（GretagMacbeth）系列密度仪，如图6-7所示。密度仪的使用很简单，只需接通电源，选用密度功能，校零后，将采光头对准需要测量的位置，按下测量头即可。

② 分光光度计：是用不连续的波长采样反射物体或透射物体的一种测量仪器。由于不同物体分子的结构不同，对不同波长光线的吸收能力也不同。因此，每种物体都具有特定的吸收光谱，能从含有各种波长的混合光中，将每一种单色光分离出来，并测量其强度的仪器叫做分光光度计。无论是哪一类分光光度计，主要都是由光源、单色器、狭缝、吸收器、检测器系统5个部分组成。现在较好的分光光度仪都具有测量色差、色度、反射光谱曲线，色密度及测专色密度的功能。厂家在使用时选用所需功能，进行白点校正后，即可进行测量。现在使用较多的是美国爱色丽（X-Rite）SP60_l分光光度仪和瑞士格林达-麦克贝斯的SpectroEye分光光度仪，如图6-8所示。

③ 放大镜：印刷品大部分（少部分是实地专色）都是用加网的方式通过叠印

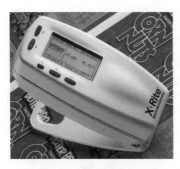

X-Rite500_L密度仪

X-Rite台式透射密度仪

DensiEye 700

D118C

图6-7 密度计

SP60_1分光光度仪

SpectroEye

图6-8 分光光度计

再现图像的颜色和阶调的，密度仪和分光光度仪虽然可以测出密度、相对反差、叠印率、色度及色差值，但是对于网点的还原状态，如网点是否虚实，网点变形、网点是否丢失，网点的并级情况等并不能直观告知，因此在生产过程及质量评价时使用放大镜观察是必须的。一般采用10～15倍放镜就可以了，当然条件好的使用高倍放大镜会看得更清楚。常用放大镜如图6-9所示。

④ 测控条：为了方便对印刷品质量进行控制和检测而专门设计的由一些特

殊的颜色条块所构成的颜色条，如布鲁纳尔测控条（Brunner）、GATF星标、IDEAlliance 、LITHOS信号条、GATF字码信号条、PDI信号条、TAGF QC控制条、CCS色彩控制条、格雷达固CMS-2彩色测试条等，如图6-10所示布鲁纳尔（Brunner）、IDEAlliance和Fogra-MediaWedge V3.0测控条。

10倍卧式放大镜　　　　折叠式放大镜　　袖珍光源放大镜　　笔式放大镜

图6-9　放大镜

布鲁纳尔（Brunner）测控条

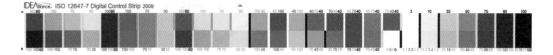

IDEAlliance测控条

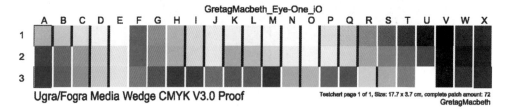

Fogra-MediaWedge V3.0测控条

图6-10　测控条

实际应用时将测控条放置在印张的末端，与印刷机滚筒轴向平行，以便测控图像着墨的均匀性。

三、评价的内容、方法与标准是什么

老　狼：从颜色的角度对印刷品进行评价，就是看印刷品与原稿的颜色是否一样，而要达到一样，在印刷时必须从油墨的实地密度、相对反差、网点扩大、叠印率、色度值和色差等方面进行控制，因此评价的内容主要是印刷油墨的实地密度、相对反差、网点扩大值、叠印率、色度值和色差值。

马大哈：针对这些内容，评价的标准是什么？

老　狼：评价的标准依据"主观评价与客观评价"的不同方式，分为两类，即主观评价标准与客观评价标准。

1. 主观评价标准

老　狼：主观评价是指观察者目视对比印刷品与原稿后作出的评价。其标准如下：

（1）色彩应忠实于原稿

老　狼：客户提供原稿给印刷公司，印刷公司应以忠实地再现原稿为最高标准。未经客户同意或授权，不能随意更改原稿的颜色。

马大哈：也就是说印刷出来的产品与原稿放在一起，能做到真假不分的话，就是好产品，如图6-11所示。

原稿　　　　　　　　　　　　　　　　印刷品

图 6-11　忠实地再现原稿

（2）色彩应有真实感

老　狼：理解正确，有时候客户没有原稿给印刷公司，只是选派代表来印刷公司与印前设计制作部门沟通，确定样稿后进行印刷。在这种情况下真实感就是最高标准了，比如天空、大海、人物肤色、草地等颜色，就要依据大多数人对物体的记忆色进行调控与印刷复制了。

马大哈：那就是说，在设计制作现场没有真实原稿（或物体）的情况下，印刷公司要依据人对物体真实颜色的记忆作出调控，以确保印刷复制品的色彩逼真。

老　狼：是的，如图6-12所示，你认为哪张图片的颜色看起来更真实呢？

马大哈：很显然，图6-12中左边草莓的颜色更真实，如果做成这样的包装，消费者会购买。而右边颜色的，会让人感觉到草莓不正常，肯定会影响销售。

凭借对草莓颜色的记忆，比较两张图片的真实感

图6-12　真实性

老　狼：在这里需要注意的是，即使客户提供了原稿，在进行设计制作时，也要提醒客户，原稿中物体的颜色是否真实，如果颜色失真，要向客户提出建议，因为客户往往会忽视颜色的真实感，这样做也是对客户负责。

　　　2. 客观评价标准

老　狼：客观评价是指"使用相关的仪器对印刷品进行测量，将测出的数据与标准数据进行对比，得出评价结论的方法。"客观评价方法可以避免主观评价中人为因素的影响，对推进企业实施数据化、规范化的生产与管理，提高产品质量和生产效率具有十分重要的意义。

马大哈：客观评价的标准有哪些呢？

　　　（1）实地密度标准

老　狼：首先要理解光学密度（简称密度）的概念，密度：是描述物体对入射光反射或透射能力强弱的量度，图6-13为物体透射和反射光的示意图。

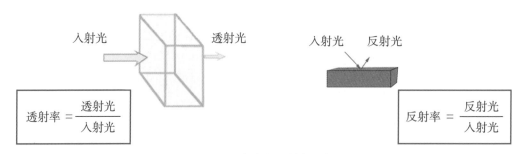

图6-13　透射率与反射率示意图

老　狼：图6-14为物体对光具有不同透射率和反射率下，所呈现出的颜色深浅效果。

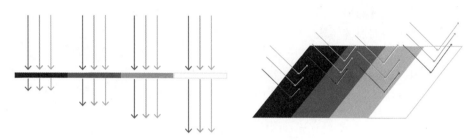

图 6-14　密度与透射（反射率）关系

马大哈：从图6-14中可以看出：物体的反射率（透射率）越小，密度越大，颜色越深；反射率（透射率）越大，密度越小，颜色越浅。

老　狼：按照上述关系，研究人员经过大量实践研究，得出密度的计算公式如下：

$$透射密度 = \log\frac{1}{透射率}$$

$$反射密度 = \log\frac{1}{仅射率}$$

老　狼：实地密度是指黄、品红、青、黑加网100%的印版位置处印刷出来的颜色块的密度，可用密度计直接测量出来。在印刷时，在一定的范围内，墨层厚，则密度高，墨层薄，则密度低。由于实地密度的大小既影响着各原色以及任意两个原色叠印产生的间色再现，也影响着三原叠印的灰平衡，甚至影响着四色印刷或更多色的印刷效果，因此必须控制在一定范围内。中国国家标准要求印刷品的实地密度范围如表6-1所示。

表 6-1　　　　　　　　　　　　实地密度范围

色别	精细印刷品实地密度	一般印刷品实地密度
黄（Y）	0.85 ~ 1.10	0.80 ~ 1.05
品红（M）	1.25 ~ 1.50	1.15 ~ 1.40
青（C）	1.30 ~ 1.55	1.25 ~ 1.50
黑（K）	1.40 ~ 1.70	1.20 ~ 1.50

马大哈：从表6-1数据可以看出，中国国家标准规定的实地密度值是有一定范围的，也就是说在范围之内都是符合要求的，但对于具体的某一产品而言，其实地密度允许的误差有规定吗？

老　狼：中国国家标准同时还规定：同批产品不同印张的实地密度允许误差为：
青（C）、品红（M）≤0.15；黑（K）≤0.20；黄（Y）≤0.10。

马大哈：颜色质量的另一指标——"相对反差"指的是什么？

（2）相对反差标准

老　狼：相对反差是指实地密度与网点处积分密度之差同实地密度的比值，又称K值，用以确定打样和印刷的标准给墨量。网点处密度是指60%～80%网点面积，常用75%处网点面积，可直接用密度计测出。

$$K = \frac{D_s - D_t}{D_s}$$

D_s表示实地密度，D_t表示75%网点处密度。K值的取值范围在0～1，是直接控制中间调至暗调的指标，影响整个色调的复制。

K值与印刷品色调的关系：
一般K值偏大，图像中暗调层次好，亮调可能受影响；K值偏小，图像中暗调层次差，亮调层次相对好些。

老　狼：中国规定的K值国家标准如表6-2所示。

表6-2　　　　　　　　　　　相对反差值（K值）范围

色别	精细印刷品的K值	一般印刷品的K值
黄	0.25～0.35	0.20～0.30
品红、青、黑	0.35～0.45	0.30～0.40

马大哈：在实际生产中，影响实地密度的因素有哪些？（拓展）

老　狼：实地密度主要受纸张性能的影响，精细印刷品与一般印刷品实地密度的差别主要是由于用纸的不同，如铜版纸（涂料纸）常用于印刷精细产品，其实地密度要高于新闻纸和胶版纸；其次是油墨的性能（底色浓度大小等）；此外印刷色序以及印刷时水墨平衡也对实地密度产生影响。如果印刷适性确定或稳定下来，实地密度应该是个定值或波动范围很小。

小提示

实地密度控制要点：
在实际生产中，可整体使用标准中规定的上限值或下限值，要尽量减少或防止某些色用上限，而另外色用下限。且同一产品的实地密度值波动范围越小越好。

马大哈： 在实际生产中影响相对反差（*K*）值的因素又有哪些?（拓展）

老　狼： 影响*K*值的因素有很多，如分色制版的层次曲线选择不同，*K*值不同，选择曲线偏重，则*K*值相对较小，反之则会相对大些；网线的粗细不同，*K*值不同，网线粗，*K*值相对大，网线细，则*K*值相对小些；晒版是否规范也影响*K*值大小，如果曝光量偏小，冲洗不足，印刷版相对深，则*K*值相对小，反之*K*值相对大；纸张的种类不同，*K*值不同，用胶版纸或新闻纸印刷，*K*值相对小，用铜版纸（涂料纸）印刷，则*K*值相对大；给墨量、印刷压力相对大，则*K*值相对小；不同机型印刷，*K*值不同，单张纸印刷机*K*值偏大，轮转机印刷*K*值偏小；测试部位不同，*K*值不同，越接近中间调，*K*值相对大，越接近暗调，*K*值相对小；不同色版*K*值不同，黑版最大，黄版最小，品红版、青版居中；打样样张的*K*值比印刷品的*K*值大。

项目训练一：测量油墨的实地密度与相对反差

一、训练目的

学会使用密度计测量油墨的实地密度与相对反差，加深对实地密度与相对反差中国国家标准的认识。

二、训练过程

1. **测量仪器的校准**

（1）预热：提前打开仪器预热，使仪器达到稳定状态。

（2）校白：测量与仪器配套的标准白板，使仪器的输出值与标准值一致。

2. **测量油墨实地密度、相对反差（测"图6-15下方测控条"）**

（1）测量实地密度

① 选取测量功能：密度；

② 取密度标准：ANSI T；

③ 选取基准白：PAP；

④ 黑纸作衬垫、测量纸张白度；

⑤ 测量实地区密度；

⑥ 记录数据。

（2）测量相对反差

① 选取测量功能：印刷反差；

② 测量实地密度；

③ 测量网点区密度（75%）；

④ 得到相对反差；

⑤ 记录数据。

图 6-15　测实地密度与相对反差

注：先测量测控条中的 YMCK 实地色块、后测 75% 加网色块。

3. 填表（见表6-3）

表 6-3　　　　　　　　　　**测量油墨实地密度、相对反差表**

油墨参数 ＼ 油墨种类	C	M	Y	K
实地密度				
相对反差				

4. 反思与提高

（3）网点扩大标准

老　狼：由于印刷是在印版与压印滚筒的作用，使油墨转移到承印材料上的，因此，网点受到压力的作用，会产生变形与扩大。如果压力太大或油墨太厚都会引起网点扩大严重，直接影响图像的色彩与阶调，而导致印刷品不合要求。我国对不同类印刷品制定了印刷网点扩大标准（50%网点处），如表6-4所示。

表 6-4　　　　　　　　　　**印刷品网点增大质量标准**

色别	精细印刷品网点增大率 /%	一般印刷品网点增大率 /%
黄（Y）	8 ～ 20	10 ～ 25
品红（M）	8 ～ 20	10 ～ 25
青（C）	8 ～ 20	10 ～ 25
黑（K）	8 ～ 25	10 ～ 25

马大哈：印刷时通过对印刷压力、墨层厚度等控制来控制网点扩大量。我知道彩色印刷品大多数都是四色叠印，对于四色叠印为主的印刷产品，还有其他标准吗？

（4）叠印率标准

老　狼：叠印率是表示不同色墨之间叠印效果的参数，可以描述后印色墨转移到先印色墨上的能力。叠印率计算公式如下：

$$叠印率（\%）= \frac{D_{1+2} - D_1}{D_2} \times 100\%$$

D_{1+2}为叠印密度；D_1为先印密度；D_2为后印密度。测量所有密度时，应选择后印色的滤色片，即第二印刷色的补色滤色片。如图6-16所示。

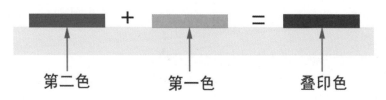

图 6-16　叠印率测量示意图

马大哈：叠印率多少为好呢？

老　狼：叠印率100%是最理想的，但不现实，一般来说叠印率在70%～90%。目前还没有一个标准数据，一般来说，叠印率越大，印刷效果越好。现在市场上所销售的密度计都可以直接测出叠印率，只要你选择了测量油墨叠印功能菜单，按照提示的顺序对相应色块进行测试，可直接得到叠印率，根本不需要计算了。

（5）灰平衡标准

老　狼：对于四色叠印产品来说，灰平衡是十分重要的内容，其控制不当，将直接导致图像整体偏色。要判断一张彩色图片是否整体偏色是不容易的，但在印刷时拼上一个灰梯尺就可帮助我们方便地判断其整体是否偏色。如图6-17所示，通过下面的灰梯尺可轻松地、准确地判断出右边图片整体偏青了。

对于灰平衡的控制ISO 12647-2：2004给出的标准参考值如表6-5所示（注：表中所给数据为网点百分数）。

图 6-17　灰平衡

表 6-5　　　　　　　　　灰平衡参考值（ISO 12647-2：2004）

阶调划分	C	M	Y
1/4 阶调（25%）	25%	19%	19%
1/2 阶调（50%）	50%	40%	40%
3/4 阶调（75%）	75%	64%	64%

马大哈：也就是说在印前分色时，要参考此数据进行分色定标，以便印刷时获得灰色平衡。

老　狼：是的，灰平衡必须在印前分色时进行控制。

前面所述的五个客观参数指标，都是针对密度计测试仪器而定的，随着光电技术、数字图像处理技术和色彩管理技术的融合与发展，色度计、分光光度计的测量得到越来越多的应用，基于此类测试仪器又推出了新的颜色质量指标——色度标准与色差标准。

（6）色度标准

老　狼：色度值和色差值是基于CIE1976$L^*a^*b^*$均匀颜色空间的颜色数据，通过"学习情境2—颜色有何属性？如何表示？"内容的学习，我们知道该空间中的L^*表示明度指数，a^*和b^*表示彩度指数，ΔE_{a*b*}为色差，其单位为NBS，其计算公式如下所示：

$$\Delta E_{a*b*} = \left[(\Delta L*)^2 + (\Delta a*)^2 + (\Delta b*)^2 \right]^{1/2}$$
$$\Delta L* = L*样 - L*标$$
$$\Delta a* = a*样 - a*标$$
$$\Delta b* = b*样 - b*标$$

色差公式

色度与密度的区别：

密度描述的是印刷油墨的特性，实际上是墨层的厚薄，而色度是按照人眼对颜色的感受性来描述颜色的，比密度值更直观，更准确。

老　狼：现在用色度计（分光光度计）来测定印刷实地色块处的色度值，对颜色进行规范和评价是国际上一种通用的做法。过去我国一直用密度来表征色彩，用密度计进行测控墨层的厚薄，来描述图片色彩再现的情况。在珠三角及以外单为主的印刷公司基本上都采用色度和色差值来测控印刷品颜色质量。随着中国的不断改革开放，与国际接轨的不断深入，国内印刷企业普遍使用色度与色差值对印刷质量进行测控与评价是大势所趋。新的中国国家标准中已将新闻纸印刷品的色度标准值进行了规范，如表6-6所列数据。

表6-6　　新闻纸或打样承印物上油墨的 CIE *Lab* 中的 L^*、a^*、b^* 目标值

	L^*	a^*	b^*
青	57	−23	−27
品红	53	48	0
黄	79	−5	60

续表

	L^*	a^*	b^*
黑	40	1	4
青 + 黄（绿）	53	-34	18
青 + 品红（蓝）	41	7	-22
品红 + 黄（红）	52	41	25

马大哈：怎样得到 ΔE_{a*b*} 的数据？

（7）色差标准

老　狼：色差 ΔE_{a*b*} 的计算非常简单，只要用色度计（分光光度计）测出了不同样张在同一位置处的 L^*、a^*、b^* 值，再代入前一页所述色差公式就可算出 ΔE_{a*b*} 值。现在的测色仪器都可直接测得色差并显示出数据，根本不需要计算，只需选用其功能，并按提示顺序测量，即可直接得到色度值和色差值。但重要的是要理解色差的内涵。

马大哈：色差的内涵是什么？

老　狼：在实际印刷生产中，同一件印品的数量成千上万，每张印品的颜色不可能绝对相同，总会存在一定的差距，这个差距称为色差 ΔE_{a*b*}。为了保证同批印刷品颜色质量稳定，不同国家对同一产品不同印张的颜色误差规定了一个范围，如我国国家标准局对彩色装潢印刷品的同批同色色差标准如表6-7所列数据。

表 6-7　　　　　　　　　　　　　**中国国家色差标准**

指标名称	单位	符号	指标值	
			精细产品	一般产品
同批同色色差	NBS	ΔE_{a*b*}	≤ 4.00~5.00	≤ 5.00~6.00

老　狼：与同批同色色差相近的颜色质量指标还有颜色公差。颜色公差是指客户所能接受的印刷品与原稿或打样样张之间的色差。根据美国、日本及我国某些印刷厂的经验，对于一般印刷品而言，颜色公差 $\Delta E_{ab} \leq 6.00$NBS，精细印刷品的颜色公差 $\Delta E_{ab} \leq 4.00$NBS。其他国家和地区不同类别印品同批同色色差标准如表6-8 ~ 表6-12所示。（选学）

拓展学习内容

表 6-8   美国卷筒纸胶印规范（SWOP）与欧洲色标（Euroscale）对照表

		L^*	a^*	b^*	hab	$\Delta E_{a^*b^*}$
黄	SWOP	86.8	−12.4	73.9	99.5^0	3.4
	Euroscale	86.1	−10.1	71.6	98.0^0	
品红	SWOP	53.4	60.5	−1.8	358.3^0	2.4
	Euroscale	53.5	58.4	−0.8	359.2^0	
青	SWOP	61.3	−27.0	−34.1	231.6^0	6.9
	Euroscale	58.9	−20.9	−36.5	240.2^0	

　　表 6-8 中的测量条件：Macbeth Color EYe 分光光度计，反射，2^0 视场，D65 光源。

表 6-9   日本颜色（Japan color）

	Y	x	y	L^*	a^*	b^*	$\Delta E_{a^*b^*}$（最小值和最大值）	
黄	70.0	0.445	0.510	87.0	−12.4	100.6	0.33	3.00
品红	12.7	0.508	0.241	42.3	76.4	1.4	0.51	2.63
青	18.0	0.144	0.196	49.4	−22.9	−51.6	0.27	1.89
黑	1.6	0.311	0.322	13.1	0.7	−0.9	0.17	2.55

注：1. 此表为日本颜色 SF—90 的主要数据。其中：SF 是"单张给纸"，90 表示 1990 年制订。

　　2. 测量条件：Minolta CM 1000 分光光度计。

表 6-10   欧洲单张纸印刷颜色标准（2^0 视场，D65 光源）

	L^*	a^*	b^*	hab	$\Delta E_{a^*b^*}$
Y	89.62	−9.91	102.88	95.5^0	3.8
M	49.30	74.80	−7.28	354.4^0	4.8
C	57.70	−26.17	−44.29	239.4^0	3.2

表 6-11   欧洲报纸卷筒纸胶印颜色标准（2^0 视场，D65 光源）

	L^*	a^*	b^*	hab	$\Delta E_{a^*b^*}$
Y	90.48	−9.27	92.02	95.8^0	3.8
M	47.17	69.84	−1.66	358.6^0	4.8
C	57.70	−26.17	−44.29	239.4^0	3.2

表6-12　　　　　欧洲热固卷筒纸胶印颜色标准（2⁰视场，D65光源）

	L^*	a^*	b^*	hab	$\Delta E_{a^*b^*}$
Y	89.62	-9.91	102.88	95.5^0	3.8
M	49.30	74.80	-7.28	354.4^0	4.8
C	57.70	-26.17	-44.29	239.4^0	3.2

马大哈：从上述各表可以看出：色度值与色差值都是针对C、M、Y三原色实地印刷色
　　　　块进行测量和计算的，对于专色而言，色差值一般为多少呢？

老　　狼：专色要求较高，印品与原稿的色差及同批同色色差$\Delta E_{a^*b^*} \leqslant 2.00$NBS。有的外
　　　　单也有要求$\Delta E_{a^*b^*} \leqslant 1.50$NBS的。

项目训练二：测量印刷品的色度值与色差值

一、训练目的

学会使用分光光度计测量油墨的实地色度值与同批同色色差值，加深对中国国家
标准色度值与色差值的认识。

二、训练过程

1. 测量仪器的校准

（1）预热：提前打开仪器预热，使仪器达到稳定状态。

（2）校白：测量与仪器配套的标准白板，使仪器的输出值与标准值一致。

2. 测量油墨实地色度值与同批同色色差（测图6-18下方测控条实地色块）

（1）测量实地色度值（X-Rite530）

①选取测量功能：颜色；

②选颜色空间$L^*a^*b^*$；

③进入样品模式；

④分次测CMY实地；

⑤记录对应Lab数据。

（2）测量原稿与印样色差（X-Rite939）

①选取测量功能：比较；

②测量原稿实地色度；

③测印样实地；

④自动得出色差；

⑤记录数据。

原稿 印刷A样 印刷B样

图 6-18 测量色度值与色差值

三、填表

表 6-13 **原稿、印样色度值与色差值**

图片名称	色块	CIE1976 Lab 均匀颜色空间的色度值与色差值			
		L^*	a^*	b^*	$\Delta E_{a^*b^*}$
原稿	C				标准
	M				标准
	Y				标准
色样 A	C				
	M				
	Y				
色样 B	C				
	M				
	Y				

注：色差值是与原稿相比所得值。

四、反思与提高

　　目前采用主观与客观评价相结合的方法：即以技术为依据，以测量为基础，由客户与专家认可为准。因为如果完全采用客观评价，1%~2%的网点，仪器测量的误差较大，但借助放大镜查看控制条的细微控制部分一目了然。此外印刷品的整体阶调再现及墨色的均匀性，整体观察比局部测量更准确、清晰、方便和有效。

知识归纳

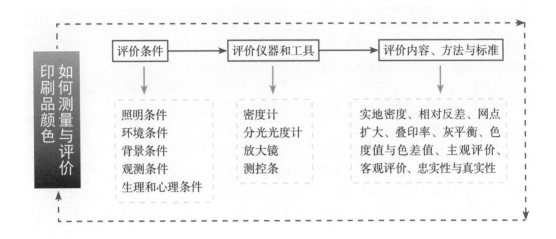

学习评价

自我评价

是否清楚印刷品颜色质量评价的内容、标准与方法?　　　　□ 是　　□ 否

能分别用密度计与分光光度计测实地密度与色差吗?　　　　□ 能　　□ 否

小组评价

能熟练地表述印刷品颜色质量的指标与评价方法?　　　　□ 能　　□ 否

能正确是提出评价印刷品颜色质量的条件吗?　　　　　　□ 能　　□ 否

学习拓展

在网络上查找不同国家评价印刷品颜色质量的指标与方法。查找中国举办印刷品质量评比活动的相关信息。

训练区

一、知识训练

(一)选择题(可以是一个,也可以是多个答案)

1. 在评价反射印刷品颜色质量时,照明条件应选用(　　　)。

　　(A)标准光源D65　　(B)标准光源D50　　(C)日光灯　　　　(D)LED灯

2. 在评价印刷品颜色质量时,环境条件应满足孟赛尔明度值(　　　)。

　　(A)N6/–N8/　　　　(B)N7/–N9/　　　　(C)N4/N5　　　　(D)N5/–N6

3．在评价印刷品颜色质量时，背景条件应满足孟赛尔明度值（　　　　）。

（A）N4/–N5/　　　　（B）N5/–N7/　　　　（C）N3/–N5/　　　　（D）N8/–N9/

4．在对印刷品颜色质量进行主观评价时，应遵循（　　　　）原则。

（A）忠实性与真实性　　　　　　　　（B）感觉相同即可

（C）完全相同　　　　　　　　　　　（D）以专家意见为准

5．在一定厚度下，油墨层越厚，其密度（　　　　）。

（A）越小　　　　（B）越大　　　　（C）恒定　　　　（D）不好说

6．客观评价印刷品颜色质量时，要借助（　　　）才能进行评价。

（A）分光光度计和密度计　　　　　　（B）放大镜

（C）测控条　　　　　　　　　　　　（D）人眼

7．中国国家标准中，精细印刷品Y墨的实地密度值为（　　　　）。

（A）0.85～1.10　　（B）1.25～1.50　　（C）1.30～1.55　　（D）1.40～1.70

8．中国国家标准中，一般印刷品C墨的实地密度值为（　　　　）。

（A）0.80～1.05　　（B）1.15～1.40　　（C）1.25～1.50　　（D）1.20～1.50

9．中国国家标准中，同批产品不同印张实地密度允许误差M墨为（　　　　）。

（A）≤0.2　　（B）≤0.1　　（C）≤0.15　　（D）≤0.25

10．中国国家标准中，精细印刷品黄墨的相对反差K值应为（　　　　）。

（A）0.20～0.30　　（B）0.30～0.40　　（C）0.35～0.45　　（D）0.25～0.35

（二）填空题

1．我国国家标准规定，同批产品不同印张的实地密度允许误差：青≤_____、黑≤_____，黄≤_____。

2．相对反差公式$K=$_____。

3．我国国家标准规定，一般包装印刷品同批同色色差$\Delta E_{a*b*}\leqslant$_____NBS，精细印刷品同批同色色差$\Delta E_{a*b*}\leqslant$_____NBS。

4．颜色公差是指客户能接受的_____与_____或打样_____之间的色差。一般印刷品颜色公差$\Delta E_{a*b*}\leqslant$_____，精细印刷品颜色公差$\Delta E_{a*b*}\leqslant$_____。

（三）判断题

1．对印刷品颜色质量进行评价时，只需使用仪器测量就行了。（　　　）

2．对印刷品颜色质量进行评价应采取主观评价与客观评价相结合的方法。（　　　）

3．对印刷品颜色质量评价时，环境与背景不重要，重要的是照明光源。（　　　）

4．密度描述的是油墨墨层的厚薄，而色度是描述人眼对颜色的感受。（　　　）

5．油墨颜色越深时，其反射率越小。（　　　）

6．主观评价标准的忠实性相对于原稿而言，真实性针对人对物体的记忆色而言。（　　　）

（四）名词解释

1．色差；2．油墨密度；3．颜色的主观评价法；4．颜料的客观评价法。

二、职业能力训练

　　测量图6-19的实地密度、相对反差、色度值与色差值，并将所测各值填写在表

（a）原稿

（b）印样

图 6-19　原稿和印样

6-14对应栏目内, 并对颜色质量进行评价。

表6-14   **能力训练测量表**

图片名称	色块	实地密度	相对反差	L^*	a^*	b^*	$\Delta E_{a^*b^*}$
原稿	C						
	M						
	Y						
色样	C						
	M						
	Y						

三、课后活动

每个同学对"如何测量与评价印刷品颜色"学习内容行归纳, 并写出自己认为最重要、最难理解和最难掌握的内容。

四、职业活动

在小组内比一比谁收集到的印刷品颜色质量测量与评价的相关资料多, 比一比谁测量实地密度、相对反差、色度值与色差值快。

参考文献

［1］ 胡成发. 印刷色彩与色度学［M］. 北京：印刷工业出版社，1993.

［2］ 色彩学编写组. 色彩学［M］. 北京：科学出版社，2003.

［3］ 王卫东. 印刷色彩学［M］. 北京：印刷工业出版社，2001.

［4］ 田全慧，刘珺. 印刷色彩管理［M］. 北京：印刷工业出版社，2003.

［5］ 吴欣. 文字图像处理技术. 图像处理［M］. 北京：中国轻工业出版社，2003.

［6］ 吴欣. 最新实用印刷色彩［M］. 北京：中国轻工业出版社，2006.

［7］ 顾桓. 彩色数字印前技术. 平面设计进阶［M］. 北京：印刷工业出版社，2004.

［8］ 刘武辉. 数字印前技术［M］. 北京：化学工业出版社，2003.

［9］ 邬国民. 印前图像处理高级指导［M］. 北京：清华大学出版社，1999.

［10］殷幼芳.《印刷技术》2013.11——标准化为精品印刷保驾护航. 北京：印刷工业出版社，2013.

［11］全国印刷标准化技术委员会印刷工业出版社. 常用印刷标准解读［M］. 北京：印刷工业出版社，2005.

［12］刘武辉. 印刷色彩管理［M］. 北京：化学工业出版社，2011.

［13］朱元宏，贺文琼等. 印刷色彩［M］. 北京：中国轻工业出版社，2013.

［14］王连军. 印前制版工艺［M］. 北京：中国轻工业出版社，2013.

印刷包装专业　新书／重点书

本科教材

1．印后加工技术（第二版）——"十三五"普通高等教育印刷专业规划教材　唐万有　主编　16开　48.00元　ISBN 978-7-5184-0890-0

2．印刷工程导论——"十三五"普通高等教育印刷工程专业规划教材　曹从军　主编　16开　39.80元　ISBN 978-7-5184-2282-1

3．颜色科学与技术——"十三五"普通高等教育印刷工程专业规划教材　林茂海　等编著　16开　45.00元　ISBN 978-7-5184-2281-4

4．印刷设备——"十三五"普通高等教育印刷工程专业规划教材　武秋敏　武吉梅　主编　16开　59.80元　ISBN 978-7-5184-2006-3

5．印刷原理与工艺——普通高等教育"十一五"国家级规划教材　魏先福　主编　16开　36.00元　ISBN 978-7-5019-8164-9

6．印刷材料学——普通高等教育"十一五"国家级规划教材　陈蕴智　主编　16开　47.00元　ISBN 978-7-5019-8253-0

7．印刷质量检测与控制——普通高等教育"十一五"国家级规划教材　何晓辉　主编　16开　26.00元　ISBN 978-7-5019-8187-8

8．包装印刷技术（第二版）——"十二五"普通高等教育本科国家级规划教材　许文才　编著　16开　59.00元　ISBN 978-7-5184-0054-6

9．运输包装——教育部高等学校轻工类专业教学指导委员会"十三五／十四五"规划教材　王志伟　编著　16开　58.00元　ISBN 978-7-5184-3229-5

10．金属包装设计与制造——中国轻工业"十三五"规划教材　吴若梅　主编　16开　59.80元　ISBN 978-7-5184-3362-9

11．包装机械设计——浙江省普通高校"十三五"新形态教材　张炜　主编　16开　69.80元　ISBN 978-7-5184-2904-2

12．包装机械概论——普通高等教育"十一五"国家级规划教材　卢立新　主编　16开　43.00元　ISBN 978-7-5019-8133-5

13．数字印前原理与技术（第二版）——"十二五"普通高等教育本科国家级规划教材　刘真　等著　16开　44.00元　ISBN 978-7-5184-1954-8

14．包装机械（第二版）——"十二五"普通高等教育本科国家级规划教材　孙智慧　高德　主编　16开　59.00元　ISBN 978-7-5184-1163-4

15．数字印刷——普通高等教育"十一五"国家级规划教材　姚海根　主编　16开　28.00元　ISBN 978-7-5019-7093-3

16．包装工艺技术与设备——普通高等教育"十一五"国家级规划教材　金国斌　主编　16开　44.00元　ISBN 978-7-5019-6638-7

17．包装材料学（第二版）（带课件）——"十二五"普通高等教育本科国家级规划教材　国家精品课程主讲教材　王建清　主编　16开　58.00元　ISBN 978-7-5019-9752-7

18．印刷色彩学（带课件）——普通高等教育"十一五"国家级规划教材　刘浩学　主编　16开　40.00元　ISBN 978-7-5019-6434-7

19．包装结构设计（第四版）（带课件）——"十二五"普通高等教育本科国家级规划教材国家精品课

程主讲教材　孙诚　主编　16开　69.00元　ISBN 978-7-5019-9031-3

20．包装应用力学——普通高等教育包装工程专业规划教材　高德　主编　16开　30.00元　ISBN 978-7-5019-9223-2

21．包装装潢与造型设计——普通高等教育包装工程专业规划教材　王家民　主编　16开　56.00元 ISBN 978-7-5019-9378-9

22．特种印刷技术——普通高等教育"十一五"国家级规划教材　智文广　主编　16开　45.00元 ISBN 978-7-5019-6270-9

23．包装英语教程（第三版）（带课件）——普通高等教育包装工程专业"十二五"规划材料 金国斌　李蓓蓓　编著　16开　48.00元　ISBN 978-7-5019-8863-1

24．数字出版（第二版）——中国轻工业"十三五"规划教材　司占军　顾翀　主编　16开 49.80元　ISBN 978-7-5184-2927-1

25．数字媒体技术——中国轻工业"十三五"规划教材　司占军　主编　16开　49.80元 ISBN 978-7-5184-2775-8

26．柔性版印刷技术（第二版）——"十二五"普通高等教育印刷工程专业规划教材　赵秀萍　主编　16开　36.00元　ISBN 978-7-5019-9638-0

27．印刷色彩管理（带课件）——普通高等教育印刷工程专业"十二五"规划材料　张霞　编著　16开　35.00元　ISBN 978-7-5019-8062-8

28．印后加工技术——"十二五"普通高等教育印刷工程专业规划教材　高波　编著　16开 34.00元　ISBN 978-7-5019-9220-1

29．包装CAD——普通高等教育包装工程专业"十二五"规划教材　王冬梅　主编　16开　28.00元 ISBN 978-7-5019-7860-1

30．包装概论（第二版）——"十三五"普通高等教育包装专业规划教材　蔡惠平　主编　16开 38.00元　ISBN 978-7-5184-1398-0

31．印刷工艺学——普通高等教育印刷工程专业"十一五"规划教材　齐晓堃　主编　16开 38.00元　ISBN 978-7-5019-5799-6

32．印刷设备概论——北京市高等教育精品教材立项项目　陈虹　主编　16开　52.00元 ISBN 978-7-5019-7376-7

33．包装动力学（带课件）——普通高等教育包装工程专业"十一五"规划教材　高德　计宏伟　主编　16开　28.00元　ISBN 978-7-5019-7447-4

34．包装工程专业实验指导书——普通高等教育包装工程专业"十一五"规划教材　鲁建东　主编　16开 22.00元　ISBN 978-7-5019-7419-1

35．包装自动控制技术及应用——普通高等教育包装工程专业"十一五"规划教材　杨仲林　主编　16开 34.00元　ISBN 978-7-5019-6125-2

36．现代印刷机械原理与设计——普通高等教育印刷工程专业"十一五"规划教材　陈虹　主编　16开 50.00元　ISBN 978-7-5019-5800-9

37．方正书版／飞腾排版教程——普通高等教育印刷工程专业"十一五"规划教材　王金玲　等编著　16开　40.00元　ISBN 978-7-5019-5901-3

38．印刷设计——普通高等教育"十二五"规划教材　李慧媛　主编　大16开　38.00元　ISBN 978-7-5019-8065-9

39．包装印刷与印后加工——"十二五"普通高等教育本科国家级规划教材　许文才　主编　16开 45.00元　ISBN 7-5019-3260-3

40．药品包装学——高等学校专业教材　孙智慧　主编　16开　40.00元　ISBN 7-5019-5262-0

41．新编包装科技英语——高等学校专业教材　金国斌　主编　大32开　28.00元　ISBN 978-7-5019-4641-8

42．物流与包装技术——高等学校专业教材　彭彦平　主编　大32开　23.00元　ISBN 7-5019-4292-7

43．绿色包装（第二版）——高等学校专业教材　武军　等编著　16开　26.00元　ISBN 978-7-5019-5816-0

44．丝网印刷原理与工艺——高等学校专业教材　武军　主编　32开　20.00元　ISBN 7-5019-4023-1

45．柔性版印刷技术——普通高等教育专业教材　赵秀萍　等编　大32开　20.00元　ISBN 7-5019-3892-X

高等职业教育教材

46．印刷材料（第二版）（带课件）——教育部高职高专印刷与包装专业教学指导委员会双元制示范教材　艾海荣　主编　16开　48.00元　ISBN 978-7-5184-0974-7

47．印前图文信息处理（带课件）——教育部高职高专印刷与包装专业教学指导委员会双元制示范教材　诸应照　主编　16开　42.00元　ISBN 978-7-5019-7440-5

48．包装印刷设备（带课件）——教育部高职高专印刷与包装专业教学指导委员会双元制示范教材　国家精品课程主讲教材　余成发　主编　16开　42.00元　ISBN 978-7-5019-7461-0

49．包装工艺（带课件）——教育部高职高专印刷与包装专业教学指导委员会双元制示范教材　吴艳芬　等编著　16开　39.00元　ISBN 978-7-5019-7048-3

50．包装材料质量检测与评价——教育部高职高专印刷与包装专业教学指导委员会双元制示范教材　郑美琴　主编　16开　28.00元　ISBN 978-7-5019-9338-3

51．现代胶印机的使用与调节（带课件）——教育部高职高专印刷与包装专业教学指导委员会双元制示范教材　周玉松　主编　16开　39.00元　ISBN 978-7-5019-6840-4

52．印刷包装专业实训指导书——教育部高职高专印刷与包装专业教学指导委员会双元制示范教材　周玉松　主编　16开　29.00元　ISBN 978-7-5019-6335-5

53．包装生产线设备安装与维护——"十三五"职业教育国家规划教材　刘安静　编著　16开　49.80元　ISBN 978-7-5184-2731-4

54．印刷概论——"十二五"职业教育国家规划教材　国家精品课程"印刷概论"主讲教材　顾萍　编著　16开　34.00元　ISBN 978-7-5019-9379-6

55．印刷工艺——"十二五"职业教育国家规划教材　国家级精品课程、国家精品资源共享课程建设教材　王利婕　主编　16开　79.00元　ISBN 978-7-5184-0598-5

56．印刷设备（第二版）——"十二五"职业教育国家级规划教材　潘光华　主编　16开　39.00元　ISBN 978-7-5019-9995-8

57．印前图文信息处理实务——高等教育高职高专"十三五"规划教材　魏华　主编　16开　39.80元　ISBN 978-7-5184-1930-2

58．印前处理与制版——高等教育高职高专"十三五"规划教材　李大红　主编　16开　49.80元　ISBN 978-7-5184-2125-1

59．印品整饰与成型——高等教育高职高专"十三五"规划教材　钟祯　主编　16开　32.00元　ISBN 978-7-5184-2039-1

60．印刷色彩——高等教育高职高专"十三五"规划教材　李娜　主编　16开　49.80元　ISBN 978-7-5184-2021-6

61．丝网印刷操作实务——高等教育高职高专"十三五"规划教材　李伟　主编　16开　49.80元　ISBN 978-7-5184-2283-8

62．Aquafadas数字出版实战教程——全国高等院校"十三五"规划教材　牟笑竹　编著　16开　33.00元　ISBN 978-7-5184-2561-7

63．3D打印技术——全国高等院校"十三五"规划教材　李博　主编　16开　38.00元　ISBN 978-7-5184-1519-9

64．印刷色彩控制技术（印刷色彩管理）——全国高职高专印刷与包装专业教学指导委员会规划统编教材　国家精品课程主讲教材　魏庆葆　主编　16开　35.00元　ISBN 978-7-5019-8874-7

65．运输包装设计——全国高职高专印刷与包装专业教学指导委员会规划统编教材　曹国荣　编著　16开　28.00元　ISBN 978-7-5019-8514-2

66．印刷质量检测与控制——全国高职高专印刷与包装专业教学指导委员会规划统编教材　李荣　编著　16开　42.00元　ISBN 978-7-5019-9374-1

67．食品包装技术——高等教育高职高专"十三五"规划教材　文周　主编　16开　38.00元　ISBN 978-7-5184-1488-8

68．3D打印技术——全国高等院校"十三五"规划教材　李博　编著　16开　38.00元　ISBN 978-7-5184-1519-9

69．包装工艺与设备——"十三五"职业教育规划教材　刘安静　主编　16开　43.00元　ISBN 978-7-5184-1375-1

70．印刷色彩——全国高职高专印刷与包装类专业"十二五"规划教材　朱元泓　等编著　16开　49.00元　ISBN 978-7-5019-9104-4

71．现代印刷企业管理——全国高职高专印刷与包装类专业"十二五"规划教材　熊伟斌　等主编　16开　40.00元　ISBN 978-7-5019-8841-9

72．包装材料性能检测及选用（带课件）——全国高职高专印刷与包装专业教学指导委员会规划统编教材　国家精品课程主讲教材　郝晓秀　主编　16开　22.00元　ISBN 978-7-5019-7449-8

73．包装结构与模切版设计（第二版）（带课件）——"十二五"职业教育国家级规划教材　国家精品课程主讲教材　孙诚　主编　16开　58.00元　ISBN 978-7-5019-9698-8

74．印刷色彩与色彩管理·色彩管理——全国职业教育印刷包装专业教改示范教材　吴欣　主编　16开　38.00元　ISBN 978-7-5019-9771-9

75．印刷色彩与色彩管理·色彩基础——全国职业教育印刷包装专业教改示范教材　吴欣　主编　16开　59.00元　ISBN 978-7-5019-9770-1

76．纸包装设计与制作实训教程——全国高职高专印刷与包装类专业教学指导委员会规划统编教材　曹国荣　编著　16开　22.00元　ISBN 978-7-5019-7838-0

77．数字化印前技术——全国高职高专印刷与包装专业教学指导委员会规划统编教材　赵海生　等编　16开　26.00元　ISBN 978-7-5019-6248-6

78．设计应用软件系列教程IllustratorCS——全国高职高专印刷与包装专业教学指导委员会规划统编教材　向锦朋　编著　16开　45.00元　ISBN 978-7-5019-6780-3

79．包装材料测试技术——全国高职高专印刷与包装专业教学指导委员会规划统编教材　林润惠　主编　16开　30.00元　ISBN 978-7-5019-6313-3

80．书籍设计——全国高职高专印刷与包装专业教学指导委员会规划统编教材　曹武亦　编著　16开　30.00元　ISBN 7-5019-5563-8

81．包装概论——全国高职高专印刷与包装专业教学指导委员会规划统编教材　郝晓秀　主编　16开　18.00元　ISBN 978-7-5019-5989-1

82．印刷色彩——高等职业教育教材　武兵　编著　大32开　15.00元　ISBN 7-5019-3611-0

83．印后加工技术——高等职业教育教材　唐万有　蔡圣燕　主编　16开　25.00元　ISBN 7-5019-3353-7

84．印前图文处理——高等职业教育教材　王强　主编　16开　30.00元　ISBN 7-5019-3259-7

85．网版印刷技术——高等职业教育教材　郑德海　编著　大32开　25.00元　ISBN 7-5019-3243-3

86．印刷工艺——高等职业教育教材　金银河　编　16开　27.00元　ISBN 978-7-5019-3309-X

87．包装印刷材料——高等职业教育教材　武军　主编　16开　24.00元　ISBN 7-5019-3260-3

88．印刷机电气自动控制——高等职业教育教材　孙玉秋　主编　大32开　15.00元　ISBN 7-5019-3617-X

89．印刷设计概论——高等职业教育教材/职业教育与成人教育教材　徐建军　主编　大32开　15.00元　ISBN 7-5019-4457-1

中等职业教育教材

90．印刷色彩基础与实务——全国中等职业教育印刷包装专业教改示范教材　吴欣　等编著　16开　59.80元　ISBN 978-7-5184-2403-0

91．印前制版工艺——全国中等职业教育印刷包装专业教改示范教材　王连军　主编　16开　54.00元　ISBN 978-7-5019-8880-8

92．平版印刷机使用与调节——全国中等职业教育印刷包装专业教改示范教材　孙星　主编　16开　39.00元　ISBN 978-7-5019-9063-4

93．印刷概论（带课件）——全国中等职业教育印刷包装专业教改示范教材　唐宇平　主编　16开　25.00元　ISBN 978-7-5019-7951-6

94．印后加工（带课件）——全国中等职业教育印刷包装专业教改示范教材　刘舜雄　主编　16开　24.00元　ISBN 978-7-5019-7444-3

95．印刷电工基础（带课件）——全国中等职业教育印刷包装专业教改示范教材　林俊欢　等编著　16开　28.00元　ISBN 978-7-5019-7429-0

96．印刷英语（带课件）——全国中等职业教育印刷包装专业教改示范教材　许向宏　编著　16开　18.00元　ISBN 978-7-5019-7441-2

97．印前图像处理实训教程——职业教育"十三五"规划教材　张民　张秀娟　主编　16开　39.00元　ISBN 978-7-5184-1381-2

98．方正飞腾排版实训教程——职业教育"十三五"规划教材　张民　于卉　主编　16开　38.00元　ISBN 978-7-5184-0838-2

99．最新实用印刷色彩(附光盘)——印刷专业中等职业教育教材　吴欣　编著　16开　38.00元　ISBN 7-5019-5415-5

100．包装印刷工艺·特种装潢印刷——中等职业教育教材　管德福　主编　大32开　23.00元　ISBN 7-5019-4406-7

101．包装印刷工艺·平版胶印——中等职业教育教材　蔡文平　主编　大32开　23.00元　ISBN 7-5019-2896-7

102．印版制作工艺——中等职业教育教材　李荣　主编　大32开　15.00元　ISBN 7-5019-2932-7

103．文字图像处理技术·文字处理——中等职业教育教材　吴欣　主编　16开　38.00元　ISBN 7-5019-4425-3

104．印刷概论——中等职业教育教材　王野光　主编　大32开　20.00元　ISBN 7-5019-3199-2

105．包装印刷色彩——中等职业教育教材　李炳芳　主编　大32开　12.00元　ISBN 7-5019-3201-8

106．包装印刷材料——中等职业教育教材　孟刚　主编　大32开　15.00元　ISBN 7-5019-3347-2

107．印刷机械电路——中等职业教育教材　徐宏飞　主编　16开　23.00元　ISBN 7-5019-3200-X

研究生

108. 印刷包装功能材料——普通高等教育"十二五"精品规划研究生系列教材　李路海　编著　16开　46.00元　ISBN 978-7-5019-8971-3

109. 塑料软包装材料结构与性能——普通高等教育"十二五"精品规划研究生系列教材　李东立　编著　16开　34.00元　ISBN 978-7-5019-9929-3

科技书

110. 中国包装行业品牌发展研究　谭益民　等著　异16开　88.00元　ISBN 978-7-5184-3419-0

111. 运输包装（国外包装专业经典教材）　陈满儒　译　异16开　88.00元　ISBN 978-7-5184-2695-9

112. 纸包装结构设计（第三版）　孙诚　主编　16开　58.00元　ISBN 978-7-5184-0449-0

113. 科技查新工作与创新体系　江南大学　编著　异16开　29.00元　ISBN 978-7-5019-6837-4

114. 数字图书馆　江南大学著　异16开　36.00元　ISBN 978-7-5019-6286-0

115. 现代实用胶印技术——印刷技术精品丛书　张逸新　主编　16开　40.00元　ISBN 978-7-5019-7100-8

116. 计算机互联网在印刷出版的应用与数字化原理——印刷技术精品丛书　俞向东　编著　16开　38.00元　ISBN 978-7-5019-6285-3

117. 印前图像复制技术——印刷技术精品丛书　孙中华　等编著　16开　24.00元　ISBN 7-5019-5438-0

118. 复合软包装材料的制作与印刷——印刷技术精品丛书　陈永常　编　16开　45.00元　ISBN 7-5019-5582-4

119. 现代胶印原理与工艺控制——印刷技术精品丛书　孙中华　编著　16开　28.00元　ISBN 7-5019-5616-2

120. 现代印刷防伪技术——印刷技术精品丛书　张逸新　编著　16开　30.00元　ISBN 7-5019-5657-X

121. 胶印设备与工艺——印刷技术精品丛书　唐万有　等编　16开　34.00元　ISBN 7-5019-5710-X

122. 数字印刷原理与工艺——印刷技术精品丛书　张逸新　编著　16开　30.00元　ISBN 978-7-5019-5921-1

123. 图文处理与印刷设计——印刷技术精品丛书　陈永常　主编　16开　39.00元　ISBN 978-7-5019-6068-2

124. 印后加工技术与设备——印刷工程专业职业技能培训教材　李文育　等编　16开　32.00元　ISBN 978-7-5019-6948-7

125. 平版胶印机使用与调节——印刷工程专业职业技能培训教材　冷彩凤　等编　16开　40.00元　ISBN 978-7-5019-5990-7

126. 印前制作工艺及设备——印刷工程专业职业技能培训教材　李文育　主编　16开　40.00元　ISBN 978-7-5019-6137-5

127. 包装印刷设备——印刷工程专业职业技能培训教材　郭凌华　主编　16开　49.00元　ISBN 978-7-5019-6466-6

128. 特种印刷新技术　钱军浩　编著　16开　36.00元　ISBN 7-5019-3222-054

129. 现代印刷机与质量控制技术（上）　钱军浩　编著　16开　34.00元　ISBN 7-5019-3053-8